KB156297

Structural Equation Model

R을 이용한 구조방정식모델 분석의 기초

| 도진환 지음 |

한티미디어

| 저자 약력 |

도진환(都軫煥)

경북대학교 화학공학과 (공학사)
한국과학기술원 생명화학공학과 (공학석사/박사)
영국 맨체스터 대학 포스닥 (생물정보학)
일본동경대 휴먼게놈센터 연구원 (DNA 정보해석)
현) 동양대학교 화공생명공학과 교수

역서 : Cell Illustrator와 패스웨이 데이터 베이스를 통해 배우는 시스템 생물학의 기초,
　　　시스템 생물학 입문: 생물학적 회로의 설계원리

저서 : 화공열역학: R을 이용한 상태방정식 활용, 화공열역학: R을 이용한 혼합물의 기액평형 해석,
　　　화학반응공학: R을 이용한 반응기 설계와 해석, R을 이용한 공정제어 기초, R을 이용한 베이즈통계 기초

R을 이용한 구조방정식모델 분석의 기초

발행일　2019년 8월 5일 초판 1쇄
　　　　　2020년 8월 5일 2쇄
지은이　도진환
펴낸이　김준호
펴낸곳　한티미디어 | **주소**　서울시 마포구 동교로 23길 67 3층
등 록　제15-571호 2006년 5월 15일
전 화　02)332-7993~4 | **팩스** 02)332-7995
ISBN　978-89-6421-379-7 (93310)
가 격　19,000원
마케팅　박재인 최상욱 김원국 | **관리** 김지영
편 집　김은수 유채원 | **본문** 이경은 | **표지** 유채원

이 책에 대한 의견이나 잘못된 내용에 대한 수정 정보는 한티미디어 홈페이지나 이메일로 알려주십시오.
독자님의 의견을 충분히 반영하도록 늘 노력하겠습니다.

홈페이지　www.hanteemedia.co.kr | **이메일** hantee@hanteemedia.co.kr

■ 이 책은 저자와 한티미디어의 독점계약에 의해 발행된 것이므로 내용, 사진, 그림 등의 전부나 일부의 무단전재와
　복제를 금합니다.

■ 파본 도서는 구입처에서 교환하여 드립니다.

PREFACE

구조방정식모델은 복잡한 사회현상을 과학적인 방법으로 이해하고자 하는 사회과학 분야뿐만 아니라 간호학, 심리학, 교육공학 등의 다양한 분야에서도 활발히 응용되고 있다. 구조방정식모델을 한마디로 정의하기는 어렵겠지만 관찰자료를 이용하여 변수(측정변수, 잠재(개념)변수) 사이의 인과관계, 상관관계 및 영향력을 추정하는 통계적 모델이라고 할 수 있다. 따라서 구조방정식모델을 자신의 관심분야에 응용하기 전에 모델에서 추정되는 모수(경로계수, 인자적재치, 오차분산 등)를 계산하는 방법에 대한 기본적인 이해가 요구된다. 또한, 이러한 모수의 추정과정은 계산이 복잡하기 때문에 AMOS, LISREL 및 Mplus 같은 전문적인 상용 소프트웨어의 사용이 기본적으로 요구된다.

이 책은 구조방정식모델의 기본적인 개념과 모수추정의 원리를 설명하면서 무료 소프트웨어로서 최근 빅데이터 분석도구로도 각광을 받고 있는 R 프로그램을 사용하여 구조방정식모델을 분석하는 방법을 소개한다. R 프로그램은 가장 큰 장점은 다양한 분야의 사용자들이 특수한 용도의 분석을 손쉽게 할 수 있는 패키지를 지속적으로 만들어서 무료로 배포한다는 것이다. 구조방정식모델 분석과 관련된 R 패키지로서 "sem", "lavaan", "semPLS", "plspm" 등이 있으며, 모델정의의 간편성 및 다양한 모수추정방법 지원 등으로 "lavaan"이 활용과 인기가 높다. 따라서 이 책에서는 "lavaan" 패키지를 구조방정식모델 분석의 주된 도구로 사용하였다.

복잡한 현상에 대한 새로운 통찰을 제시하는 구조방정식모델을 설계하는 능력은 사실 소프트웨어를 이용하여 분석하는 능력보다 더 중요하다. 하지만 모델에 대한 정확한 분석과 해석능력이 없이는 실제현상을 설명하는 훌륭한 모델로 수정해 나가기는 어렵다. 따라서 구조방정식모델에 대한 원리의 이해와 분석능력은 구조방정식모델을 활용하여 새로운 발견과 통찰을 얻고자 하는 이들에게는 필수적으로 요구된다. 이 두 가지에 대한 기초능력을 배양하고자 하는 분들에게 도움이 되기를 바라는 작은 소망에서 많이 부족함에도 불구하고 본서를 집필하게 되었다. 구조방정식모델을 처음으로 접하거나 실제업무에 활용하고자 하는 모든 분들에게 이 책이 도움이 될 수 있기를 진심으로 희망한다.

2019년 8월
저자 도진환

CONTENTS

## CHAPTER 1

구조방정식모델의
개념

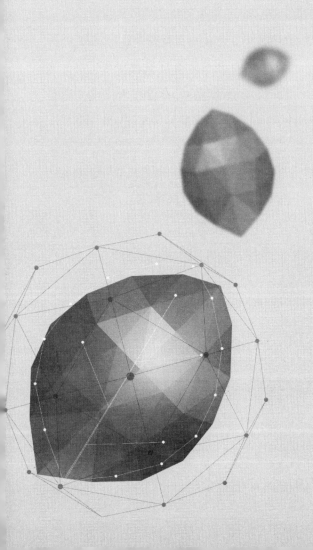

구조방정식모델은 일반선형모델(general linear model)로서 종속변수와 독립변수 사이에는 선형관계가 성립한다. 예를 들어 독립변수를 X, 종속변수를 Y라고 하면 $Y = aX + \epsilon$와 같은 선형관계로 나타낼 수 있으며, 종속변수와 독립변수가 여러 개인 경우로 확장될 수 있다. 독립변수의 값이 주어지면 모델을 통해 종속변수의 값을 예측할 수 있게 하므로 독립변수를 원인변수, 종속변수를 결과변수라고도 하며 화살표를 이용하여 $X \rightarrow Y$와 같이 나타낸다. 이 때 X, Y 모두가 측정도구를 통해 관측가능한 변수라면 측정변수(measured variable) 혹은 관찰변수(observed variable)이라고 하며 i번째 관측값에 대해 다음과 같이 나타낼 수 있다.

$$Y_i = aX_i + \epsilon_i \tag{1.1}$$

여기에서 ϵ_i는 종속변수 Y_i의 값 가운데서 독립변수 X_i에 의해 설명되지 않는 오차부분을 나타낸다. 식 1.1은 X, Y가 구성개념(construct)와 같이 직접 관측할 수 없는 이론적 변수인 경우라도 적용될 수 있다. 자아개념, 소비자 만족도 등과 같은 구성개념을 나타내는 변수를 연구의 맥락에 따라서 잠재변수(latent variable), 요인(factor), 합성변인(synthetic variable), 복합변인(composite variable) 등으로 부르고 있으며[1] 이 책에서는 주로 잠재변수라는 용어를 사용할 것이다. 잠재변수는 오차가 제거된 측정가능한 관찰변수로부터 공통적 정보를 수학적으로 추출함으로써 측정된다. 관례적으로 구조방정식모델에서 측정변수는 사각형으로, 잠재변수는 원으로 나타낸다(그림 1.1).

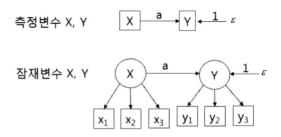

그림 1.1 측정변수(사각형) X, Y의 인과모델과 잠재변수(원) X, Y의 인과모델.

---

1 문수백, 구조방정식모델링의 이해와 적용. ((주) 학지사, 2001), p. 20.

그림 1.1에서 X, Y가 잠재변수일 경우에는 직접 측정될 수 없기 때문에 각각 측정지표 x_1, x_2, x_3(잠재변수 X에 대한 관찰변수)와 y_1, y_2, y_3(잠재변수 Y에 대한 관찰변수)를 통해 측정됨을 알 수 있다. 화살표 위의 숫자 a와 1은 독립변수의 변화에 대한 종속변수 변화의 비로서 기울기에 해당하며 적재치(loading)이라고 부른다. 구조방정식모델에서 오차 ϵ에 대한 적재치는 1로서 고정되기 때문에 흔히 생략된다. 일방 화살표($\rightarrow$)가 변수 사이의 인과관계를 나타낸다면 양끝 화살표($\leftrightarrow$)는 두 변수의 상관관계를 나타낸다. 구조방정식모델에서 변수는 측정변수, 잠재변수 외에 외생변수(exogenous variable)와 내생변수(endogenous variable)로도 구분한다. 외생변수는 그림 1.2에서 변수 X와 같이 다른 변수에 영향을 주기만 하는 변수로서 측정변수이면 외생측정변수, 잠재변수이면 외생잠재변수에 해당된다. 반면에 그림 1.2에서 변수 Y와 같이 다른 변수로부터 영향을 받기만 하거나 변수 Z와 같이 다른 변수로부터 영향을 받는 결과변수인 동시에 또 다른 변수에 영향을 주는 원인변수가 되는 경우는 내생변수에 해당되며 측정변수이면 내생측정변수, 잠재변수이면 내생잠재변수가 된다.

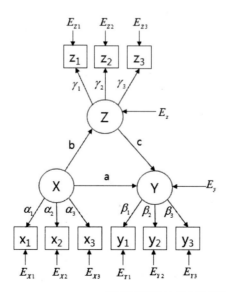

그림 1.2 측정변수(x_1, x_2, x_3, y_1, y_2, y_3, z_1, z_2, z_3)와 잠재변(X, Y, Z)수로 구성된 구조방정식모델의 예.

선형모델을 사용하여 그림 1.2의 잠재변수 사이의 관계를 나타내면 다음과 같다.

$$Z = b \times X + E_z, \; Y = a \times X + c \times Z + E_y \tag{1.2}$$

여기에서 E_y, E_z는 방해오차로서 독립변수에 의해 설명되지 않는 종속변수의 부분을 설명하는 변수이며, 화살표 위의 계수, 즉 기울기 a, b, c를 회귀계수라고 부른다. 측정변수와 잠재변수 사이에도 선형관계가 성립하며 다음과 같이 나타낼 수 있다.

$$x_1 = \alpha_1 X + E_{x1}, \; x_2 = \alpha_2 X + E_{x2}, \; x_3 = \alpha_3 X + E_{x3} \tag{1.3}$$

$$y_1 = \beta_1 Y + E_{y1}, \; y_2 = \beta_2 Y + E_{y2}, \; y_3 = \beta_3 Y + E_{y3}$$

$$z_1 = \gamma_1 Z + E_{z1}, \; z_2 = \gamma_2 Z + E_{z2}, \; z_3 = \gamma_3 Z + E_{z3}$$

식 1.3에서 $E_{x1}, E_{x2}, E_{x3}, E_{y1}, E_{y2}, E_{y3}, E_{z1}, E_{z2}, E_{z3}$는 잠재변수에 의해 설명되지 않는 부분을 나타내는 변수로서 측정오차에 해당하며, 잠재변수 변화에 대한 측정변수 변화의 비에 해당하는 $\alpha_1, \alpha_2, \alpha_3, \beta_1, \beta_2, \beta_3, \gamma_1, \gamma_2, \gamma_3$를 요인적재치(factor loading) 또는 인자적재치라고 부른다. 구조방정식모델은 네 종류의 변수(잠재변수, 관찰변수, 방해오차, 측정오차) 사이의 관계를 선형모델로 표현하며 일반적인 가정은 다음과 같다.

① 측정오차, 방해오차에 대한 적채치는 1로 고정한다
② 방해오차와 외생잠재변수는 상관이 없다
③ 측정오차는 외생잠재변수, 방해오차와 상관이 없다.
④ 측정오차 사이에는 상관이 없다.

그림 1.2에서 오차(측정오차, 방해오차)에 대한 적재치는 1이며 생략되어 있다. 두 변수 사이에 상관이 없다는 것은 공분산이 0이라는 의미가 된다. 따라서 두 변수 X, Y의 공분산을 $COV(X, Y)$로 나타낼 때 ②, ③, ④의 가정을 그림 1.2의 모델에 적용해 보면 아래와 같이 나타낼 수 있다.

② 방해오차(E_z, E_y)와 외생잠재변수(X) 사이의 무상관
    $COV(E_z, X) = 0, \; COV(E_y, X) = 0$
③ 측정오차($E_{x1}, E_{x2}, E_{x3}, E_{y1}, E_{y2}, E_{y3}, E_{z1}, E_{z2}, E_{z3}$)와 외생잠재변수($X$), 측정오

차와 방해오차(E_y, E_z) 사이의 무상관

$$COV(E_{x1}, X) = 0, ..., COV(E_{y1}, X) = 0, ..., COV(E_{z1}, X) = 0, COV(E_{z2}, X) = 0, COV(E_{z3}, X) = 0$$

$$COV(E_{x1}, E_z) = 0, ..., COV(E_{y1}, E_z) = 0, ..., COV(E_{z1}, E_z) = 0, COV(E_{z2}, E_z) = 0, COV(E_{z3}, E_z) = 0$$

$$COV(E_{x1}, E_y) = 0, ..., COV(E_{y1}, E_y) = 0, ..., COV(E_{z1}, E_y) = 0, COV(E_{z2}, E_y) = 0, COV(E_{z3}, E_y) = 0$$

④ 측정오차($E_{x1}, E_{x2}, E_{x3}, E_{y1}, E_{y2}, E_{y3}, E_{z1}, E_{z2}, E_{z3}$) 사이의 무상관

$$COV(E_{x2}, E_{x1}) = 0$$

$$COV(E_{x3}, E_{x1}) = COV(E_{x3}, E_{x2}) = 0$$

$$COV(E_{y1}, E_{x1}) = COV(E_{y1}, E_{x2}) = COV(E_{y1}, E_{x3})$$

$$COV(E_{y2}, E_{x1}) = COV(E_{y2}, E_{x2}) = COV(E_{y2}, E_{x3}) = COV(E_{y2}, E_{y1}) = 0$$

$$COV(E_{y3}, E_{x1}) = COV(E_{y3}, E_{x2}) = COV(E_{y3}, E_{x3}) = COV(E_{y3}, E_{y1}) = COV(E_{y3}, E_{y2}) = 0$$

$$COV(E_{z1}, E_{x1}) = COV(E_{z1}, E_{x2}) = COV(E_{z1}, E_{x3}) = 0$$

$$COV(E_{z1}, E_{y1}) = COV(E_{z1}, E_{y2}) = COV(E_{z1}, E_{y3}) = 0$$

$$COV(E_{z2}, E_{x1}) = COV(E_{z2}, E_{x2}) = COV(E_{z2}, E_{x3}) = 0$$

$$COV(E_{z2}, E_{y1}) = COV(E_{z2}, E_{y2}) = COV(E_{z2}, E_{y3}) = COV(E_{z2}, E_{z1}) = 0$$

$$COV(E_{z3}, E_{x1}) = COV(E_{z3}, E_{x2}) = COV(E_{z3}, E_{x3}) = 0$$

$$COV(E_{z3}, E_{y1}) = COV(E_{z3}, E_{y2}) = COV(E_{z3}, E_{y3}) = COV(E_{z3}, E_{z1}) = COV(E_{z3}, E_{z1}) = 0$$

　구조방정식모델을 그림으로 표현할 때 관계가 있는 두 변수 사이에만 →(인관관계), ↔ (상관관계)로 표현한다. 인과관계를 나타내는 일방 화살표(→) 위의 숫자는 적재치로서 독립변수의 변화에 대한 종속변수 변화의 비, 즉 기울기의 의미를 가지지만 양쪽 화살표 위의 숫자는 상관계수(표준화된 변수사이) 혹은 공분산(표준화되지 않은 변수사이)을 의미한다. 두 변수 사이의 상관계수는 한 변수의 변화정도를 알면 다른 변수의 변화 정도를 몇 % 설명할 수 있는지를 나타내는 결정계수(=상관계수의 제곱)를 계산하는 데 사용될 수 있다. 상관관계는 여러 가지 복합적 인과관계를 통해 생겨날 수 있기 때문에 단순한 상호 인과관계로서 해석하려고 하면 안 되며, 두 변수 사이에 존재하는 상관의 성질과 정도에 대한 기술로 해석하는 것이 바람직하다. 구조방정식모델을 나타내는 그림에서 일방 화살표나 양끈 화살표로 연결되지 않은 변수 사이에는 상관이 없다고 생각하면 된다. 변

수 사이의 인관관계 혹은 상관관계는 연구자가 객관성(objectivity), 경험성(empiricism), 정확성(precision), 재생가능성(reproducibility)에 근거하는 과학적인 방법이나 추론적인 사고과정에 근거하는 선험적 방법(a priori method) 등을 통해 설정할 수 있다.

🧠 TIP 변수의 분류

구조방정식모델에서 연구의 성질과 변수들 사이의 관계에 따라 변수들을 다음과 같이 다양하게 분류하기도 한다.

① 독립변수-종속변수

어떤 변수 X의 값으로부터 다른 변수 Y의 값을 예측할 수 있을 때 두 변수 X와 Y 사이에는 상관(correlation)이 있다고 한다. 특히, 두 변수의 상관이 인과관계일 때 원인이 되는 변수를 독립변수(independent variable), 결과에 해당하는 변수를 종속변수(dependent variable)라고 부른다.

② 관찰변수-잠재변수

자아 효능감, 고객 만족도 등과 같은 구성개념(construct)은 직접 관찰할 수가 없으며 구성개념이 표상된 여러 가지 관찰 가능한 변수들을 통해 간접적으로 측정할 수밖에 없다. 이 때 구성개념의 간접적인 측정을 위해 직접 측정되는 변수를 측정변수(measured variable) 또는 관찰변수(observed variable)이라고 부른다. 하나의 구성개념을 측정하기 위해 복수의 관찰변수가 이용되며, 이들의 측정값으로부터 측정오차를 제거한 뒤 관찰변수들 사이의 공통적 정보를 추출하여 얻어지는 측정치를 잠재변수(latent variable) 혹은 이론적 변수라고 부른다. 연구의 성질에 따라 잠재변수는 요인(factor), 합성변수(synthetic variable), 복합변수(composite variable) 등으로 불린다.

③ 외생변수-내생변수

두 개 이상의 변수들 사이에 인과관계를 다루는 모델에서 다른 변수에 영향을 주기만 변수를 외생변수(exogenous variable)라고 한다. 반면에 다른 변수로부터 영향을 받기만 하거나 어떤 변수로부터 영향을 받는 동시에 다른 변수에게 영향을 주는 변수를 내생변수(endogenous variable)이라고 한다. 즉, 인과관계 모델에서 외생변수는 원인변수로만 역할을 하는 변수에 해당하고 결과변수 혹은 원인변수이면서 동시에 결과변수로 역할을 하는 변수는 내생변수가 된다.

CHAPTER **2**

공분산행렬

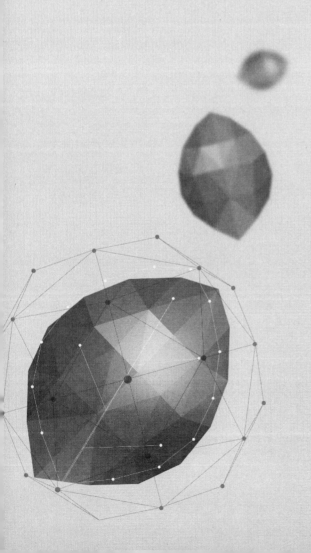

변수 사이의 인과관계 및 상관관계로 기술되는 구조방정식모델에서 관심의 대상은 모수의 추정에 있다. 여기에서 모수는 인자적재치를 비롯한 회귀계수, 잠재변수 및 측정변수의 분산, 공분산 등이 포함될 수 있으며 측정변수들의 공분산 자료를 통해 추정된다. 즉, 구조방정식모델을 통해 계산되는 공분산행렬을 $\Sigma(\theta)$, 표본을 통해 얻어지는 표본공분산행렬을 S라고 하면 다음 식을 통해 모수 θ를 계산하게 된다.

$$\Sigma(\theta) = S \tag{2.1}$$

위의 식에서 표본공분산행렬 S는 표본의 크기가 충분히 커서 모집단의 공분산행렬을 대체할 수 있다고 가정한다. 구조방정식모델으로부터 공분산행렬을 계산하는 과정을 살펴보기 전에 공분산과 상관의 개념에 대해 알아보도록 하자.

2.1   공분산(covariance)과 상관(correlation)

공분산은 두 변수가 연합되어 있는 정도를 나타내며 표본의 크기가 N일 때 편차의 곱의 합을 $N-1$로 나눈 값으로 정의된다(N이 모집단의 크기라면 편차의 곱을 N으로 나눈 값이 공분산이 된다). 예를 들어 두 변수 X, Y의 평균을 각각 $\overline{X}$, $\overline{Y}$라고 하면 공분산(covariance, COV)은 다음과 같이 계산된다.

$$COV(X, Y) = \frac{\sum_{i=1}^{N}(X_i - \overline{X})(Y_i - \overline{Y})}{N-1} = E((X-\overline{X})(Y-\overline{Y}))$$
$$= E(XY) - \overline{X}\,\overline{Y} \tag{2.2}$$

위의 식에서 분자에 나타난 $X_i - \overline{X}$, $Y_i - \overline{Y}$는 편차점수로서 각각 측정치 X_i, Y_i가 평균으로부터 떨어진 정도를 나타낸다. $x_i = X_i - \overline{X}$, $y_i = Y_i - \overline{Y}$라고하면 x, y는 각각 변수 X, Y의 편차변수가 되며 이들의 평균은 0이 된다($\overline{x} = 0$, $\overline{y} = 0$). 따라서 편차변수 x와 y 사이의 분산은 다음과 같이 나타낼 수 있다.

$$COV(x,y) = \frac{\sum_{i=1}^{N} x_i y_i}{N-1} = E(xy) - \overline{x}\,\overline{y} = E(xy) = E((X-\overline{X})(Y-\overline{Y})) \tag{2.3}$$

식 2.2와 2.3을 통해 편차변수 x 와 y 사이의 공분산은 본래 변수 X 와 Y 사이의 공분산과 같음을 알 수 있다. 즉, $COV(X, Y) = COV(x,y)$ 임을 알 수 있다. 또한, 편차변수의 분산, 표준편차는 본래 변수의 분산, 표준편차와 동일하다.

공분산의 부호에 따른 의미를 살펴보면 다음과 같다.

- 공분산 > 0

  한 변수가 증가하면 다른 변수도 증가하며, 두 변수는 정적상관관계(positive correlation)에 있음

- 공분산 < 0

  한 변수가 증가하면 다른 변수는 감소하며, 두 변수는 부적상관관계(negative correlation)에 있음

- 공분산 = 0

  두 변수는 아무런 상관을 가지지 않음

공분산은 표본의 크기가 커짐에 따라 $(-\infty, +\infty)$ 의 값을 가질 수 있으며, 정적상관이나 부적상관의 정도를 나타내는 절대 기준값이 존재하지 않는다. 또한, 두 변수의 측정에서 사용된 척도의 크기에 따라 공분산은 달라진다. 공분산이 가지고 있는 이러한 제한점을 해결하기 위해 Karl Pearson은 다음과 같이 공분산을 두 변수의 표준편차의 곱으로 나누어 주었다.

$$r_{XY} = \frac{COV(X, Y)}{S_X S_Y} = \frac{\sum_{i=1}^{N}(X_i - \overline{X})(Y_i - \overline{Y})}{S_X S_Y (N-1)}$$

$$= \frac{\sum_{i=1}^{N} x_i y_i}{S_x S_y (N-1)} = \frac{1}{N-1} \sum_{i=1}^{N} \left(\frac{x_i}{S_x}\right)\left(\frac{y_i}{S_y}\right) = r_{xy} = \frac{\sum_{i=1}^{N} Z_{X_i} Z_{Y_i}}{N-1} \tag{2.4}$$

여기에서 $Z_{X_i} = (X_i - \overline{X})/S_X$, $Z_{Y_i} = (Y_i - \overline{Y})/S_Y$이며, S_X, S_Y는 각각 변수 X, Y 의 표준편차를, S_x, S_y는 각각 편차변수 x, y의 표준편차를 나타낸다. r_{XY}와 r_{xy}는 Pearson 적률상관계수(Pearson product-moment correlation coefficient)라고하며 간단히 Pearson 상관계수라고 부르기도 한다. 식 2.4를 통해 변수 X, Y 사이의 상관계수는 이들의 편차변수 x, y 사이의 상관계수와 동일함을 알 수 있다. 상관계수에는 Pearson 상관계수 외에도 Spearman 순위상관계수, 양분상관계수, 사분상관계수 등이 있으며, 이 책에서 별다른 언급이 없이 사용되는 상관계수는 모두 Pearson 상관계수를 지칭한다. Z_{X_i}, Z_{Y_i}는 평균이 0, 표준편차가 1인 Z 점수를 나타낸다. Pearson 상관계수의 값은 $-1 \leq r \leq 1$ 의 범위를 가지며 +1은 완전정적상관을, -1은 완전부적상관을, 0은 상관이 없음을 나타냄으로써 상관의 정도를 판단해 볼 수 있다. 하지만 Pearson 상관계수는 두 변수가 연속성을 갖고 공변이(covariation) 현상이 선형적 관계일 때만 타당하게 두 변수 간의 연합정도를 반영한다.

Pearson 상관계수의 이론적 기댓값은 묵시적이지만 두 변수 모두가 정규분포를 따른다는 것을 가정하고 있다. 따라서 두 변수가 정규분포가 따르지 않을 경우에는 실제로 추정된 Pearson 상관계수는 항상 이론적으로 기대되는 값보다 항상 과소추정되며 정규분포로부터의 이탈성에 따라 과소추정의 정도가 달라지게 된다. 변수의 분포가 정규분포로부터 벗어날 경우 수학적 조작을 통해 정규분포로 변환하기도 한다. 예를 들면, 정상분포보다 왼쪽으로 치우친 정적편포(positive skewed distribution)인 경우에는 $X^{1/2}$, $\log X, 1/X$ 등의 함수를 이용하여 변환한다. 정규분포를 만들기 위해 변환방법을 시도할 때 자료의 분포가 정규분포에서 심하게 이탈된 경우는 어떤 변환도 효과가 없을 수 있다. 또한, 변수의 변환은 변환되기 이전의 변수가 가지는 척도의 의미를 잃게 되며 결과의 해석도 변환된 척도에 맞게 해석해야 한다.

2.2   공분산(covariance)의 성질

변수 X, Y, Z 의 편차변수를 각각 $x\,(=X-\overline{X}), y\,(=Y-\overline{Y}), z\,(=Z-\overline{Z})$라고 할 때 a, b가 상수이면 공분산은 다음과 같은 성질을 가진다.

① $COV(X, X) = E((X-\overline{X})(X-\overline{X})) = V(X) = V(x)$

여기에 $V(X)$는 X의 분산을 나타내며 변수 자기 자신과의 공분산은 그 변수의 분산과 같다.

② $COV(a, X) = E((a-a)(X-\overline{X})) = 0$

어떤 상수 a와 변수 X의 공분산은 항상 0이 된다.

③ $COV(aX, bY) = E(a(X-\overline{X})b(Y-\overline{Y})) = abE((X-\overline{X})(Y-\overline{Y}))$
$$= ab\,COV(X, Y) = ab\,COV(x, y)$$

어떤 상수가 곱해진 변수의 공분산은 본래 변수의 공분산에 그 상수를 곱한 것과 같다.

④ $COV(X+Y, Z) = COV(x+y, z) = E((x+y)z) = E(xz+yz)$
$$= E(xz) + E(yz) = COV(x, z) + COV(y, z) = COV(X, Z) + COV(Y, Z)$$

변수 X와 Y의 합인 $X+Y$와 변수 Z 사이의 공분산은 변수 X와 Z의 공분산에 변수 Y와 Z의 공분산을 더한 것과 같으며, 편차변수 사이의 공분산은 본래변수 사이의 공분산과 동일하다.

두 변수 사이의 공분산과 상관계수는 그 두 변수의 편차변수 사이의 공분산과 상관계수와 동일하기 때문에 평균이 0인 편차변수를 사용하면 공분산과 상관계수의 계산식이 더욱 간단해진다. 만약 변수가 다차원이라면 공분산은 행렬이 된다. 예를 들어 변수 X가 세 개의 측정변수로 구성되고($X=(X_1, X_2, X_3)$) 변수 Y가 두 개의 측정변수로 구성된($Y=(Y_1, Y_2)$) 경우에 공분산은 다음과 같이 3×2의 행렬이 된다.

$$COV(X, Y) = COV(x, y) = E\left(\begin{pmatrix} x_1 \\ x_2 \\ x_3 \end{pmatrix}(y_1\ y_2)\right) = E\begin{pmatrix} x_1y_1 & x_1y_2 \\ x_2y_1 & x_2y_2 \\ x_3y_1 & x_3y_2 \end{pmatrix}$$

여기에서 $x_1, x_2, x_3, y_1, y_2, y_3$는 각각 $X_1, X_2, X_3, Y_1, Y_2, Y_3$의 편차변수에 해당한다.

2.3   구조방정식모델으로부터 공분산행렬 계산

구조방정식모델을 통해 추정되는 모수는 변수 간의 인과관계를 비롯한 상호 영향력에 대한 정보를 제공한다. 모수추정을 위해 제공되는 자료는 측정변수의 측정치 혹은 이들로부터 계산된 공분산 자료이다. 즉, 구조방정식모델을 통해 추정되는 측정변수의 공분산 $\sum(\theta)$와 데이터로부터 계산되는 표본공분산 S를 이용하여 방정식 $\sum(\theta) - S = 0$의 해를 구함으로써 모수 θ를 계산하게 된다. 다음과 같이 두 개의 잠재변수 L1과 L2와 다섯 개의 측정변수 $x_1, x_2, ..., x_5$로 구성된 구조방정식모델을 고려해 보자.

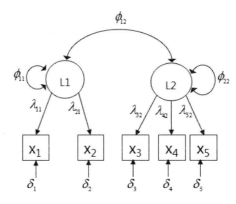

그림 2.1 두 개의 잠재변수와 다섯 개의 측정변수로 구성된 구조방정식모델.

그림 2.1의 모델에서 측정변수를 방정식으로 나타내면

$$x_1 = \lambda_{11}L_1 + \delta_1$$

$$x_2 = \lambda_{21}L_1 + \delta_2$$

$$x_3 = \lambda_{32}L_2 + \delta_3$$

$$x_4 = \lambda_{42}L_2 + \delta_4$$

$$x_5 = \lambda_{52}L_2 + \delta_5$$

이 된다. 이제 위의 방정식에서 측정변수들 사이의 공분산을 계산해 보자. 계산식의 간편성을 위해 모든 측정변수들을 편차변수로 간주하도록 한다.

$$COV(x_1, x_1) = E(x_1 x_1) = E((\lambda_{11} L_1 + \delta_1)(\lambda_{11} L_1 + \delta_1))$$
$$= \lambda_{11}^2 E(L_1 L_1) + 2\lambda_{11} E(L_1 \delta_1) + E(\delta_1 \delta_1)$$

$$COV(x_1, x_2) = E(x_1 x_2) = E((\lambda_{11} L_1 + \delta_1)(\lambda_{21} L_1 + \delta_2))$$
$$= \lambda_{11}\lambda_{21} E(L_1 L_1) + \lambda_{11} E(L_1 \delta_1) + \lambda_{21} E(L_1 \delta_2) + E(\delta_1 \delta_2)$$

$$COV(x_1, x_3) = E(x_1 x_3) = E((\lambda_{11} L_1 + \delta_1)(\lambda_{32} L_2 + \delta_3))$$
$$= \lambda_{11}\lambda_{32} E(L_1 L_2) + \lambda_{11} E(L_1 \delta_3) + \lambda_{32} E(L_2 \delta_1) + E(\delta_1 \delta_3)$$

$$COV(x_1, x_4) = E(x_1 x_4) = E((\lambda_{11} L_1 + \delta_1)(\lambda_{42} L_2 + \delta_4))$$
$$= \lambda_{11}\lambda_{42} E(L_1 L_2) + \lambda_{11} E(L_1 \delta_4) + \lambda_{42} E(L_2 \delta_1) + E(\delta_1 \delta_4)$$

$$COV(x_1, x_5) = E(x_1 x_5) = E((\lambda_{11} L_1 + \delta_1)(\lambda_{52} L_2 + \delta_5))$$
$$= \lambda_{11}\lambda_{52} E(L_1 L_2) + \lambda_{11} E(L_1 \delta_5) + \lambda_{52} E(L_2 \delta_1) + E(\delta_1 \delta_5)$$

$$COV(x_2, x_2) = E((\lambda_{21} L_1 + \delta_2)(\lambda_{21} L_1 + \delta_2)) = \lambda_{21}^2 E(L_1 L_1) + 2\lambda_{21} E(L_1 \delta_2) + E(\delta_2 \delta_2)$$

$$COV(x_2, x_3) = E(x_2 x_3) = E((\lambda_{21} L_1 + \delta_2)(\lambda_{32} L_2 + \delta_3))$$
$$= \lambda_{21}\lambda_{32} E(L_1 L_2) + \lambda_{21} E(L_1 \delta_3) + \lambda_{32} E(L_2 \delta_2) + E(\delta_2 \delta_3)$$

$$COV(x_2, x_4) = E(x_2 x_4) = E((\lambda_{21} L_1 + \delta_2)(\lambda_{42} L_2 + \delta_4))$$
$$= \lambda_{21}\lambda_{42} E(L_1 L_2) + \lambda_{21} E(L_1 \delta_4) + \lambda_{42} E(L_2 \delta_2) + E(\delta_2 \delta_4)$$

$$COV(x_2, x_5) = E(x_2 x_5) = E((\lambda_{21} L_1 + \delta_2)(\lambda_{52} L_2 + \delta_5))$$
$$= \lambda_{21}\lambda_{52} E(L_1 L_2) + \lambda_{21} E(L_1 \delta_5) + \lambda_{52} E(L_2 \delta_2) + E(\delta_2 \delta_{5r})$$

$$COV(x_2, x_4) = E(x_2 x_4) = E((\lambda_{21} L_1 + \delta_2)(\lambda_{42} L_2 + \delta_4))$$
$$= \lambda_{21}\lambda_{42} E(L_1 L_2) + \lambda_{21} E(L_1 \delta_4) + \lambda_{42} E(L_2 \delta_2) + E(\delta_2 \delta_4)$$

$$COV(x_2, x_5) = E(x_2 x_5) = E((\lambda_{21} L_1 + \delta_2)(\lambda_{52} L_2 + \delta_5))$$
$$= \lambda_{21}\lambda_{52} E(L_1 L_2) + \lambda_{21} E(L_1 \delta_5) + \lambda_{52} E(L_2 \delta_2) + E(\delta_2 \delta_5)$$

$$COV(x_3, x_3) = E(x_3 x_3) = E((\lambda_{32} L_2 + \delta_3)(\lambda_{32} L_2 + \delta_3))$$
$$= \lambda_{32}^2 E(L_2 L_2) + 2\lambda_{32} E(L_2 \delta_3) + E(\delta_3 \delta_3)$$

$$COV(x_3, x_4) = E(x_3 x_4) = E((\lambda_{32} L_2 + \delta_3)(\lambda_{42} L_2 + \delta_4))$$
$$= \lambda_{32} \lambda_{42} E(L_2 L_2) + \lambda_{32} E(L_2 \delta_4) + \lambda_{42} E(L_2 \delta_3) + E(\delta_3 \delta_4)$$

$$COV(x_3, x_5) = E(x_3 x_5) = E((\lambda_{32} L_2 + \delta_3)(\lambda_{52} L_2 + \delta_5))$$
$$= \lambda_{32} \lambda_{52} E(L_2 L_2) + \lambda_{32} E(L_2 \delta_5) + \lambda_{52} E(L_2 \delta_3) + E(\delta_3 \delta_5)$$

$$COV(x_4, x_4) = E(x_4 x_4) = E((\lambda_{42} L_2 + \delta_4)(\lambda_{42} L_2 + \delta_4))$$
$$= \lambda_{42}^2 E(L_2 L_2) + 2\lambda_{42} E(L_2 \delta_4) + E(\delta_4 \delta_4)$$

$$COV(x_4, x_5) = E(x_4 x_5) = E((\lambda_{42} L_2 + \delta_4)(\lambda_{52} L_2 + \delta_5))$$
$$= \lambda_{42} \lambda_{52} E(L_2 L_2) + \lambda_{42} E(L_2 \delta_5) + \lambda_{52} E(L_2 \delta_4) + E(\delta_4 \delta_5)$$

$$COV(x_5, x_5) = E(x_5 x_5) = E((\lambda_{52} L_2 + \delta_5)(\lambda_{52} L_2 + \delta_5))$$
$$= \lambda_{52}^2 E(L_2 L_2) + 2\lambda_{52} E(L_2 \delta_5) + E(\delta_5 \delta_5)$$

그림 2.1의 구조방정식모델에서 잠재변수 L_1, L_2와 측정오차 δ_1, δ_2, δ_3, δ_4, δ_5 사이에는 상관이 없으므로 이들 사이의 공분산은 모두 0이며 측정오차 사이에도 상관이 없으므로 공분산이 0이 된다. 또한 구조방정식모델에서 잠재변수와 측정오차의 평균은 0으로 간주되기 때문에 $E(L_i L_j)$, $E(\delta_i \delta_j)$는 각각 L_i와 L_j, δ_i와 δ_j 사이의 공분산이 된다. 따라서 $\phi_{ij} = E(L_i L_j)$, $V(\delta_i) = E(\delta_i \delta_i)$라고 하면 그림 2.1의 모델로부터 계산된 측정변수 사이의 공분산은 표 2.1과 같이 정리될 수 있다.

표 2.1 그림 2.1의 구조방정식모델로부터 계산된 측정변수 사이의 공분산.

	x_1	x_2	x_3	x_4	x_5
x_1	$\lambda_{11}^2 \phi_{11} + V(\delta_1)$	$\lambda_{11} \lambda_{21} \phi_{11}$	$\lambda_{32} \lambda_{11} \phi_{12}$	$\lambda_{42} \lambda_{11} \phi_{12}$	$\lambda_{52} \lambda_{11} \phi_{12}$
x_2		$\lambda_{21}^2 \phi_{11} + V(\delta_2)$	$\lambda_{32} \lambda_{21} \phi_{12}$	$\lambda_{42} \lambda_{21} \phi_{12}$	$\lambda_{52} \lambda_{21} \phi_{12}$
x_3			$\lambda_{32}^2 \phi_{22} + V(\delta_3)$	$\lambda_{42} \lambda_{32} \phi_{22}$	$\lambda_{52} \lambda_{32} \phi_{22}$
x_4				$\lambda_{42}^2 \phi_{22} + V(\delta_4)$	$\lambda_{52} \lambda_{42} \phi_{22}$
x_5					$\lambda_{52}^2 \phi_{22} + V(\delta_5)$

공분산은 대칭성, 즉 $COV(x_1, x_2) = COV(x_2, x_1)$이므로 표 2.1에서 대각선을 중심으로 아래쪽이 생략되었다. 표 2.1에서 추정되어야 할 모수는 5개의 인자적재치 ($\lambda_{11}, \lambda_{21}, \lambda_{32}, \lambda_{42}, \lambda_{52}$)와 잠재변수와 관련된 3개의 분산($L_1$의 분산 ϕ_{11}, L_2의 분산 ϕ_{22}, L_1과 L_2 사이의 공분산 ϕ_{12}) 그리고 5개의 측정오차에 대한 분산 ($V(\delta_1)$, $V(\delta_2)$, $V(\delta_3)$, $V(\delta_4)$, $V(\delta_5)$)으로서 모두 13개이다. 따라서 이들 모수를 구하기 위해서는 최소한 13개의 식이 필요하게 된다. 이제 표본공분산 자료가 표 2.2와 같이 주어진다고 할 때 모수를 계산하는 방법을 살펴보도록 하자.

표 2.2 표본을 통해 얻어진 측정변수 사이의 공분산 자료 (σ_{ij}는 x_i와 x_j의 공분산임).

	x_1	x_2	x_3	x_4	x_5
x_1	σ_{11}	σ_{12}	σ_{13}	σ_{14}	σ_{15}
x_2		σ_{22}	σ_{23}	σ_{24}	σ_{25}
x_3			σ_{33}	σ_{34}	σ_{35}
x_4				σ_{44}	σ_{45}
x_5					σ_{55}

표 2.1과 표 2.2의 비교를 통해 다음과 같이 총 15개의 방정식을 세울 수 있다.

① $\sigma_{11} = \lambda_{11}^2 \phi_{11} + V(\delta_1)$ ② $\sigma_{12} = \lambda_{11}\lambda_{21}\phi_{11}$ ③ $\sigma_{13} = \lambda_{32}\lambda_{11}\phi_{12}$

④ $\sigma_{14} = \lambda_{42}\lambda_{11}\phi_{12}$ ⑤ $\sigma_{15} = \lambda_{52}\lambda_{11}\phi_{12}$ ⑥ $\sigma_{22} = \lambda_{21}^2 \phi_{11} + V(\delta_2)$

⑦ $\sigma_{23} = \lambda_{32}\lambda_{21}\phi_{12}$ ⑧ $\sigma_{24} = \lambda_{42}\lambda_{21}\phi_{12}$ ⑨ $\sigma_{25} = \lambda_{52}\lambda_{21}\phi_{12}$

⑩ $\sigma_{33} = \lambda_{32}^2 \phi_{22} + V(\delta_3)$ ⑪ $\sigma_{34} = \lambda_{42}\lambda_{32}\phi_{22}$ ⑫ $\sigma_{35} = \lambda_{52}\lambda_{32}\phi_{22}$

⑬ $\sigma_{44} = \lambda_{42}^2 \phi_{22} + V(\delta_4)$ ⑭ $\sigma_{45} = \lambda_{52}\lambda_{42}\phi_{22}$ ⑮ $\sigma_{55} = \lambda_{52}^2 \phi_{22} + V(\delta_5)$

위의 경우 추정되어야 모수의 숫자는 13개이며 식은 15개이므로 모수가 추정될 수 있는 필요조건을 만족한다. 일반적으로 구조방정식에서 추정되어야 할 모수의 개수가 t이고 측정변수의 개수가 q라면 모수를 추정을 위한 필요조건은 다음과 같다.

$$t \leq \frac{1}{2}q(q+1) \tag{2.5}$$

2.4   R에서 공분산 및 상관계수 계산

표본의 공분산자료는 구조방정식모델의 모수를 추정하는 데 사용된다. 여기서는 R을 이용하여 측정자료에 대한 공분산 및 상관계수를 계산하는 방법에 대해 살펴보기로 하자. R의 datasets 패키지에는 미국 옐로스톤 국립공원 내에 있는 간헐천의 분출시간과 대기시간에 대한 조사자료를 저장한 "faithful" 데이터프레임이 있다. 분출시간과 대기시간을 각각 x, y로 두고 공분산 및 상관계수를 계산해 보면 다음과 같다.

```
data(faithful) # datasets 패키지로부터 faithful 데이터프레임 로딩
head(faithful)
  eruptions waiting  (간헐천의 분출지속시간(min), 분출대기시간(min))
1    3.600     79
2    1.800     54
3    3.333     74
4    2.283     62
5    4.533     85
6    2.883     55
round(colMeans(faithful),3) # 평균 분출지속시간과 대기시간
eruptions   waiting
    3.488    70.897
colnames(faithful) = c("x","y")
attach(faithful)
x11() #
plot(y~x)
round(cov(x,y),3)  # 공분산 계산
[1] 13.978
round(cor(x,y),3)  # 상관계수 계산
[1] 0.901
```

위에서 faithful 자료에 따르면 간헐천은 평균적으로 약 71분의 대기시간을 거쳐 평균 3.5분 정도 분출됨을 알 수 있다. 분출시간과 분출대기시간의 대한 자료를 그래프로 나타내면 그림 2.2와 같다. 공분산과 상관계수의 계산을 위해 각각 cov(), cor() 함수를 사용하였다. 상관계수가 0.901로 분출시간과 분출대기시간은 강한 양의 선형관계를 예상할 수 있으며, 그림 2.2에도 이러한 관계가 잘 나타나 있다. 공분산행렬과 상관행렬도 각

각 cov() 함수와 cor() 함수를 이용하여 계산될 수 있다.

```
M = cbind(x,y) # 데이터 행렬(열은 각 관측변수를, 행의 개수는 관측횟수를 나타냄)
round(cov(M),3) # 공분산행렬 계산
       x       y
x  1.303  13.978
y 13.978 184.823
round(cor(M),3) # 상관행렬 계산
      x     y
x 1.000 0.901
y 0.901 1.000
```

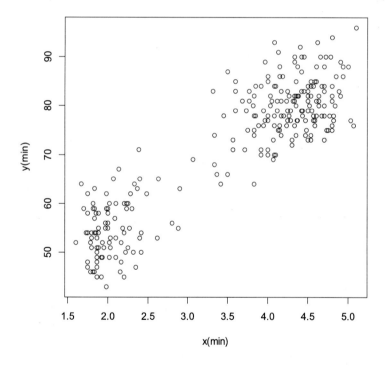

그림 2.2 간헐천의 분출시간(x 축)과 분출대기시간(y 축).

공분산행렬은 선형변환을 통해 행렬의 대각원소를 1로 만들어 주면 상관행렬이 된다.
또한, 각 변수의 표준편차를 알면 상관행렬로부터 공분산행렬도 계산할 수 있다. 공분산
행렬로부터 상관행렬의 계산은 cov2cor() 함수를 이용하면 된다.

```
A=cov(M)
B=cov2cor(A) # 행렬의 동치 선형변환을 통해 대각원소를 1로 만들어 상관행렬을 계산
round(B,3)
```

```
      x     y
x 1.000 0.901
y 0.901 1.000
```

위에서 보는 바와 같이 공분산행렬 A의 동치 선형변환을 통해 계산된 상관행렬 B는 앞에서 cor(x,y)에 의해 계산된 상관행렬과 동일함을 알 수 있다. 이제 상관행렬로부터 공분산행렬을 계산하기 위해 공분산과 관련된 아래의 식을 잠시 살펴보자.

$$r_{xy} = \frac{COV(x,y)}{S_x S_y} \quad \Leftrightarrow \quad S_x\, r_{xy}\, S_y = COV(x,y) \tag{2.6}$$

위의 식에서 공분산 $COV(x,y)$는 상관계수 r_{xy}에 x의 표준편차 S_x와 y의 표준편차 S_y를 곱한 것과 동일함을 알 수 있다. 이것을 행렬의 차원까지 확장시키면 다음과 같이 나타낼 수 있다.

공분산행렬 = 대각행렬 × 상관계수 행렬 × 대각행렬

여기에서 대각행렬은 표준편차에 대한 정보를 가진 행렬로서 대각성분은 각 변수의 표준편차로 구성된다. 아래의 R 코드를 이용해 상관행렬로부터 공분산행렬을 계산해 보자.

```
x.sd=sd(x) # x의 표준편차 계산
y.sd=sd(y) # y의 표준편차 계산
D=diag(c(x.sd,y.sd),nrow=2,ncol=2,2) # 표준편차를 대각원소로 가진 대각행렬 생성
D
```

```
          [,1]      [,2]
[1,] 1.141371   0.00000
[2,] 0.000000 13.59497
```

```
E=D%*%B%*%D   #상관계수행렬(B)로부터 공분산행렬(E)의 계산
round(E)
        [,1]    [,2]
[1,]   1.303  13.978
[2,] 13.978 184.823
```

위에서 보는 바와 같이 상관계수행렬과 표준편차를 포함하는 대각행렬로부터 계산된 공분산행렬은 앞에서 cov(x,y)에 의해 계산된 공분산행렬과 동일함을 알 수 있다.

상관행렬은 표준편차를 통해 공분산행렬을 표준화시킨 행렬로 생각될 수 있으며 변수 사이의 영향관계를 나타낸다는 점에서 차이가 없다. 하지만 공분산행렬은 변수가 가지고 있는 원래 척도에 관한 정보를 가지고 있는데 반하여 상관행렬은 표준화를 통해 원래의 척도정보를 상실하게 되었다. 따라서 두 행렬은 변수 사이에 미치는 영향관계라는 정성적 측면에서는 차이가 없지만 척도를 고려한 측면에서는 차이가 있다. 구조방정식모델에서는 모수의 추정에서 기본적으로 공분산자료를 사용하기 때문에 상관행렬이 주어질 경우, 표준편차에 대한 자료도 함께 주어지는 것이 바람직하다. 상관계수에 대한 정보만 주어지고 표준편차에 대한 정보가 주어지 않을 경우, 변수의 평균이 0, 표준편차는 1로 설정되어 상관계수가 공분산으로 대치되어 모수가 추정되며 이때 얻어지는 모수는 표준화된 값이 된다. 상관계수를 공분산 대신 사용하게 되면 본래의 척도를 잃어버리기 때문에 추정되는 모수에 대응되는 표준오차가 부정확하게 될 수도 있다. 따라서 부득이한 사정을 제외하고는 구조방정식모델의 분석에서는 공분산자료를 사용하는 것이 바람직하다.

TIP   상관계수의 종류

두 변수 사이의 상관계수는 각 변수가 측정된 척도에 따라 여러 유형의 상관계수로 구분된다. 이에 대해 잠깐 살펴보면 다음과 같다.

① Pearson's product-moment correlation coefficient(피어슨의 적률상관계수): 두 변수 모두가 동간척도 이상의 것으로 측정되어 연속성을 가질 때 사용되며, 연속형인 두 확률변수 X 와 Y의 분포가 이변량 정규분포를 따를 때 표본상관계수 r_{xy}는 다음과 같이 정의된다(예, 영어 성적과 국어성적의 상관관계).

$$r_{xy} = \frac{\sum_{i=1}^{N}(x_i - \overline{x})(y_i - \overline{y})}{\sqrt{\sum_{i=1}^{n}\left(x_i - \overline{x}\right)^2 \sum_{i=1}^{n}\left(y_i - \overline{y}\right)^2}}$$

② Spearman's rank correlation coefficient(Spearman 순위상관계수): 두 변수의 분포가 이변량 정규분포를 따르지 않거나 두 변수가 모두 서열척도로 측정될 때 사용되며 Spearman 의 순위상관계수 r_s는 다음과 같이 정의된다(예, 입학성적 순위와 졸업성적 순위의 상관관계).

$$r_s = \frac{\sum_{i=1}^{N}(R(x_i) - R(\overline{x}))(R(y_i) - R(\overline{y}))}{\sqrt{\sum_{i=1}^{n}\left(R(x_i) - R(\overline{x})\right)^2 \sum_{i=1}^{n}\left(R(y_i) - R(\overline{y})\right)^2}} = \frac{6\sum_{i=1}^{n}(R(x_i) - R(y_i))^2}{n(n^2 - 1)}$$

여기에서 $R(x_i)$는 변수 X에서 x_i의 순위, $R(y_i)$는 변수 Y에서 y_i의 순위를 나타낸다.

③ Kendall's τ (켄달의 타우): 두 변수 모두 서열척도로 측정되어 연속성을 가지지 않을 때 사용 되며 Spearman의 순위상관계수와 유사하게 순위에 근거하여 상관관계를 측정한다. 즉, 한 변 수가 기준이 되어 순서대로 배열되었을 때 짝을 이루는 나머지 변수의 순위가 얼마나 일관성이 있는가는 측정하는 켄달의 타우는 다음의 식을 통해 계산한다.

$$\tau = \frac{Number\,of\,concordant\,pairs - Number\,of\,discordant\,pairs}{n(n-1)/2}$$

④ Point biserial correlation coefficient(점이연 상관계수): 두 변수 중 하나는 이항형이고 다 른 하나는 연속형일 때 사용되며 X가 이항형, Y가 연속형 변수라면 점이연상관계수 r_{pb}는 다 음과 같이 계산된다(예, 성별과 학업성적의 상관관계).

$$r_{pb} = \frac{\overline{Y}_H - \overline{Y}_L}{S_Y}\sqrt{pq}$$

여기에서 $\overline{Y}_H$는 평균이 높은 그룹의 평균, $\overline{Y}_L$은 평균이 낮은 그룹의 평균, S_Y는 연속형 변수 Y의 표준편차를 나타낸다. p, q는 각 그룹에 속한 사례수의 비율에 해당한다.

⑤ Polyserial correlation coefficient(다연상관계수): 두 변수 중 하나는 동간척도 이상의 것으로 측정되어 연속성을 가지며, 다른 하나는 서열척도나 명명척도로 측정되어 비연속적이며 세 개 이상의 유목을 가질 때 사용된다(예, 인종과 키의 상관관계, 관찰변수와 잠재변수의 상관관계).

⑥ Fourfold point correlation coefficient(사류상관계수): 두 변수 모두 비인위적인 이항형 변수일 두 변수의 상관정도를 계산하기 위해 사용되며 파이계수(ϕ coefficient)라고도 한다(예, 성별과 혼전순결 찬반에 대한 상관관계). 두 변수의 범주를 각각 0과 1로 할당할 때 사례의 수가 다음과 같은 이원분할표를 고려해 보자.

	$Y = 0$	$Y = 1$	Total
$X = 0$	n_{00}	n_{10}	$n_{0 \cdot}$
$X = 1$	n_{01}	n_{11}	$n_{1 \cdot}$
Total	$n_{\cdot 0}$	$n_{\cdot 1}$	n

위의 이원분할표를 이용하여 파이계수를 계산해 보면 아래와 같다.

$$\phi = \frac{n_{11}n_{00} - n_{10}n_{01}}{\sqrt{n_{1 \cdot} n_{0 \cdot} n_{\cdot 1} n_{\cdot 0}}}$$

⑦ Tetrachoric correaltion coefficient(사분상관계수): 두 변수가 연속형이지만 인위적으로 두 범주로 양분된 경우 피어슨의 적률상관계수의 추정치로 사용된다(예, 심리적 상태의 안정–불안정과 시험의 합격–불합격의 상관관계).

⑧ 다분상관계수(polychoric correlation): 두 변수 모두 인위적인 서열척도나 명명척도로 측정되며, 두 변수 모두 세 개 이상의 유목을 가지는 경우에 사용된다(예, 세 개의 측정변수를 가지는 두 잠재변수 사이의 상관관계).

R에서 상관계수의 계산은 cor() 함수를 이용하여 계산될 수 있다. 변수에 대한 관측치를 저장한 데이터프레임 혹은 행렬을 data라고 하면 상관계수를 다음과 같이 계산된다.

```
cor(data)    # Pearson 상관계수 계산
cor(data, method="spearman") # Spearman 상관계수 계산
cor(data, method="kendall") # 켄달의 타우 계산
```

이연상관계수, 다연상관계수, 사분상관계수, 다분상관계수의 계산은 R의 "psych" 패키지의 있는 biserial(), polyseria(), tetrachoric(), polychoric() 함수를 이용하여 계산할 수 있다.

> ### TIP 척도(scale)의 종류
>
> 척도는 관찰대상의 속성을 일정한 규칙에 따라 일련의 기호 또는 숫자를 통해 나타냄으로써 관찰대상에 대한 정보를 제공해 주는 도구로서 관찰대상들에 대한 비교를 가능하게 한다. 관찰대상에 부여된 척도의 특성에 따라 통계분석 방법이 달라질 수 있으며, 측정의 정밀성에 따라 명목척도(nominal scale), 서열척도(ordinal scale), 등간척도(interval scale), 비율척도(ratio scale) 등으로 분류될 수 있다.
>
> ① 명명척도: 관찰대상을 구분할 목적으로 사용되는 척도로서 범주(category)의 이름을 대신하기 위해 숫자는 양적인 의미가 없으며, 단지 분류적 기능만을 가진다. 예를 들어, 남학생에게는 숫자 '1'을 , 여학생에게는 숫자 '2'를 부여하기로 규칙을 정하게 되면 이때의 숫자 '1'과 '2'는 단순히 성별을 구별하기 위해 사용된 것임을 알 수 있다. 따라서 측정치 간의 크기 비교, 서열, 비율 등의 해석은 할 수가 없다.
>
> ② 서열척도: 서로 다른 범주로 구분할 수 있는 구별성에 대한 정보뿐만 아니라 측정치 간의 대소관계에 대한 정보도 포함된다. 예를 들어, 학생들의 영어성적을 내림차순으로 정렬한 다음에 가장 높은 성적을 받은 학생에게 '1'을, 그 다음 높은 점수를 받은 학생에게 '2', '3', …과 같이 등수를 부여하게 되면 이때의 숫자들은 곧 서열을 나타내게 된다. 서열척도로 측정된 수치들은 서열정보를 제공하지만 서열 간의 차이를 양적차이로 해석할 수 없을 수 있다. 즉, 1등과 2등 사이의 점수차가 2등과 3등 사이의 점수차는 다를 수 있기 때문에 A 학생의 영어성적이 B 학생의 영어성적보다 점수가 '높다' 혹은 '낮다'고는 해석할 수 있어도 A 학생의 영어성적이 B 학생의 영어성적보다 '얼마만큼 더 높다' 혹은 '얼마만큼 더 낮다'고는 해석할 수 없다.
>
> ③ 등간척도: 명명척도의 구별성에 대한 정보와 서열척도의 순위에 대한 정보 외에 관찰치를 양적차이로 측정하기 위해 균일한 간격을 두고 분할하여 측정하는 척도로서 차이점수에 대한 해석 가능하다. 등간척도치의 경우 관찰대상의 속성에 대한 순위를 부여하되 간격이 동일하므로 측정치 간에 상대적인 차이값에 대한 해석이 가능하다. 예를 들면, 실내온도가 24℃이고 실외온도가 30℃라면 실내온도와 실외온도의 차이는 6℃라고 할 수 있다. 하지만, 관찰대상에 대한 절대적인 크기를 측정할 수 없기 때문에 비율계산이 곤란하다.
>
> ④ 비율척도: 명명척도(구별성), 서열척도(서열성), 등간척도(등간성) 외에 비율성에 대한 정보를 갖는 척도로서 절대적 0(측정치가 0인 경우는 실제로 측정된 특성이 0임)을 출발점으로 하여 관찰대상이 지니고 있는 속성을 양적으로 나타낸다. 이 척도로 측정된 값은 곱하거나 나누거나 가감하여 계산된 값에 의미를 해석할 수 있다. 예를 들면, 몸무게가 80kg인 사람은 몸무게가 50kg인 사람에 비해 30kg이 더 무겁다고 할 수 있으며, 80kg인 사람은 50kg인 사람에 비해 몸무게가 1.6배라는 비율적 해석을 할 수 있다.

구조방정식모델의 적합도 평가

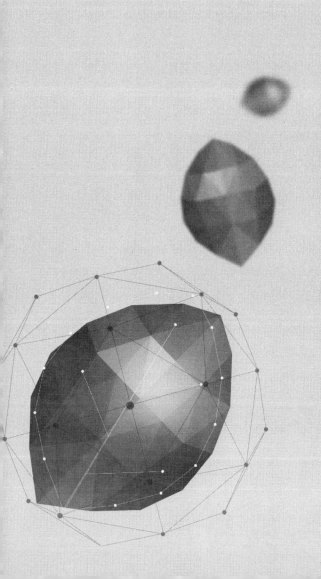

구조방정식모델의 적합도 평가의 목적은 기본적으로 설정된 모델과 수집된 자료가 일관성을 보이는지를 살펴보는 데 있으며, 모델 내의 어떤 자유모수가 유의성을 가지는가에 관심을 가지기보다는 설정된 전체모델을 대상으로 적합성을 평가하게 된다. 구조방정식모델의 적합도를 평가하는 적합도 지수는 다음에 열거한 이유 등으로 실제 사용에서 많은 혼란과 문제점들이 나타나고 있다.

① 구조방정식모델 관련 연구논문이 발표되는 전문학술지 및 학위논문에서 사용되는 적합도 지수의 종류와 수는 연구자마다 다르다.
② 연구자가 자신의 연구에 유리한 적합도 지수만 선택적으로 보고한다.
③ 논문심사자마다 자신들이 선호하는 적합도 지수를 요구하기 때문에 동일한 논문에 대해 요구하는 적합도 지수의 종류와 수가 다르다.

위에서 언급한 문제점들에도 불구하고 자신이 설정한 구조방정식모델이 모델로서 가치를 인정받기 위해서는 기본 필요조건을 만족해야 한다. 적합도 지수와 관련하여 알아두어야 할 것은 대부분의 적합도 지수는 각각 나름대로 특별한 적합도 평가기능을 가지고 있으며 상황에 따라 적합도 평가기능의 효용성이 달라질 수 있다. 따라서 평가목적에 적절한 적합도 지수를 선택하여 종합적으로 구조방정식모델의 적합도를 평가하는 것이 바람직하다. 또한, 적합도는 전적으로 주어진 표본자료에 의존적이므로 표본의 변동이 발생하면 적합도는 다시 평가되어야 한다.

구조방정식모델의 적합성을 평가하는 적도합 지수의 선택은 연구의 목적과 상황에 따라 달라질 수 있지만 여기서는 자주 사용되는 적합도 지수들을 중심으로 각 적합도 지수의 정의와 장·단점에 대해 살펴보기로 한다.

3.1   모델의 카이제곱(χ^2) 통계량

구조방정식모델의 적합도를 평가하기 위해 개발된 가장 기본적인 통계량은 χ^2 통계량으로 다음 식에 의해 계산된다.

$$\chi^2 = (N-1)F(S, \Sigma(\theta)) \tag{3.1}$$

여기에서 N은 표본의 크기를, S는 표본으로부터 얻어진 공분산행렬을, $\Sigma(\theta)$는 구조방정식모델로부터 계산된 공분산행렬을 나타낸다. $F(S, \Sigma(\theta))$는 적합도 함수로서 $S = \Sigma(\theta)$일 때 최소치 0을 가지도록 정의되며, 구조방정식모델의 자유도 df(degree of freedom)와 동일한 자유도를 가지는 χ^2 분포를 따르는 것으로 가정된다. 구조방정식모델의 자유도 df는 다음과 같이 계산된다.

$$df = \frac{1}{2}q(q+1) - t \tag{3.2}$$

여기에서 q 관찰변수의 개수, t는 구조방정식모델에서 추정되어야 할 모수의 개수에 해당한다. 식 3.2에 의해 계산되는 자유도는 '공분산행렬로부터 얻어지는 정보의 개수'로부터 '모델에서 추정되어야 할 모수의 개수'를 뺀 것으로 해석될 수 있다.

χ^2 분포를 이용하여 구조방정식모델 전체를 평가하는 연구가설은 다음과 같다.

- H_0: 구조방정식모델(연구모형)은 모집단 자료에 적합하다(귀무가설 혹은 영가설)
- H_1: 구조방정식모델(연구모형)은 모집단 자료에 적합하지 않다(대립가설)

만약 모집단을 잘 대표하는 표본이 선출되고 이로부터 공분산행렬 S가 계산되었다고 하자. 영가설 H_0가 참이라면 식 3.1에서 적합도 함수 $F(S, \Sigma(\theta))$는 0이 될 것이다. 즉, 영가설이 맞으면 $\chi^2 = 0$이 된다. 하지만, 아무리 표본이 모집단을 잘 대표한다고 해도 표본 그 자체가 모집단이 아니므로 표본변산(sample variation)이 존재하게 된다. 모집단으로부터 추출된 표본 가운데 어떤 경우에는 식 3.1에 의해 계산된 χ^2이 0보다 아주 큰 값이 될 수도 있을 것이다. 하지만 이런 경우는 영가설 H_0가 참이라면 드물게 발생하게 된다. 모집단으로부터 표본을 무한히 반복추출하여 계산된 χ^2을 분포를 그려보면 그림 3.1과 같이 꼬리가 오른쪽으로 있는 정적편포의 모양을 가지게 된다. 이 분포가 영가설 H_0이 참일 때 χ^2 통계량이 이루는 이론적 분포가 된다. 다른 통계검증에서와 마찬가지로 χ^2 검정에서도 영가설 H_0이 참일 때 우연하게 일어날 수 있는 확률을 유의수준 α로 정하게 되며 보통 $\alpha = 0.05$로 설정한다. 그림 3.1은 자유도가 3인 카이제곱분포를 나타내며 $\alpha = 0.05$일 때 $\chi^2 > 7.81$이면 영가설 H_0 기각하고 대립가설 H_1을 채택하게 된다.

구조정식모델에 대한 영가설은 $H_0 : S - \Sigma(\theta) = 0$과 같이 나타낼 수 있으며 χ^2 검증은 표본으로부터 언어진 공분산행렬에서 모델공분산행렬을 뺀 잔차행렬의 모든 원소가 0이라는 가설들을 동시에 검증하는 것과 같다. 구조방정식모델의 적합도 평가에서는 연구자에 의해 설정된 모형이 모집단에서의 변수 사이의 관계를 잘 반영하는 것이 목적이므로 영가설 H_0를 채택하는 것에 관심이 있다. χ^2 검증을 사용할 때 주의해야 몇 가지 사항이 있다. 첫째는 측정변수들의 분포가 다중변수 정상분포이어야 한다는 것이다. 특히 χ^2은 첨도에 민감하게 반응하여, 첨도가 다중정규분포보다 더 뾰족한 급첨(leptokurtic)이면 영가설 H_0을 너무 많이 기각하게 되는 반면에 다중정규분포의 첨도보다 평평한 평첨(platykurtic)이면 영가설 H_0을 너무 많이 수용하게 되는 결과를 가져온다. 둘째는 표본의 크기가 작으면 χ^2 통계량은 영가설 H_0이 맞을 때 이론적으로 기대되는 χ^2 분포로부터 이탈하게 되므로 충분한 크기의 표본이 사용되어야 한다. 셋째는 식 3.1에서 보는 바와 같이 χ^2은 모델에 의한 오류뿐만 아니라 표본의 크기 N에 의해서도 영향을 받을 수 있다. 특히, 표본의 크기가 아주 클 때 적합도함수 $F(S, \Sigma(\theta))$의 값이 작더라도 χ^2의 값은 커져 영가설 H_0을 기각할 수 있다. 즉, 어떤 간명모델(자유도(df) > 0인 모델)이라도 표본의 크기만 충분히 커다면 모든 모델이 기각될 수 있다. 이러한 문제점으로 인해 최근에는 모델 적합도 지수로서 χ^2 통계량은 잘 사용되지 않는다. 그럼에도 불구하고 거의 대부분의 구조방정식모델 분석 프로그램에서 χ^2 통계량을 제공하는 것은 거의 대부분의 모델 적합도 지수 계산공식 속에 χ^2이 가장 핵심적인 요소로 사용되기 때문에 참고 정보로 제공하고 있다.

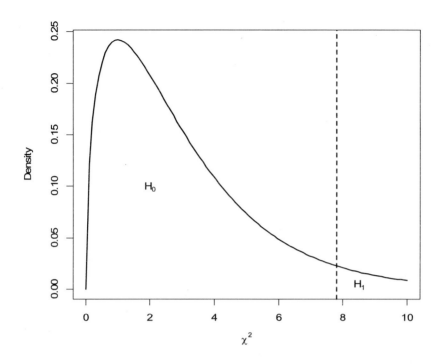

그림 3.1 자유도가 3인 χ^2 통계량의 분포. 수직 점선은 H_0 가설을 기각하는 확률이 0.05일 때, 즉 유의수준이 0.05일 때 χ^2 통계량의 위치를 나타냄.

> **TIP** χ^2 **통계량의 단점**

- 관측변수가 다변량 정규분포를 따르며 표본의 크기가 충분히 크다는 가정을 요구.
- 추정될 모수의 개수가 증가함에 따라 자유도가 감소하여 χ^2 통계량은 감소함. 포화모델(모수의 개수가 공분산행렬에서 중복되지 않는 원소의 개수와 같을 때의 모델)의 경우 χ^2의 값은 0이 되며, 독립모델(서로 다른 변수 사이의 공분산이 모두 0일 때의 모델)의 경우 χ^2의 값은 매우 큰 값을 가지게 됨.
- 모델의 자유도가 일정할 때 표본의 크기가 커지면 χ^2의 값이 커짐으로 실제 영가설(표본공분산과 모델에 의해 계산된 공분산의 차이는 통계적으로 유의미하지 않다)이 옳음에도 기각할 수 있으며, 표본의 크기가 작으면 χ^2의 값이 작아짐으로 실제 영가설이 틀림에도 기각하지 않을 수 있음.

3.2 절대적합도 지수(absolute fit index)

구조방정식모델은 아무런 모델이 없을 경우보다 변수들 사이의 관계를 더 잘 설명할 수 있어야 모델로서 가치가 있다. 절대적합도 지수는 표본공분산에 대한 구조방정식모델의 설명력을 모델이 없을 경우와 비교한 추정치로서 GFI, AGFI, SRMR, RMSEA 등이 흔히 사용되고 있다.

(1) GFI(goodness of fit idex)

GFI는 가장 먼저 개발된 적합도 지수로서 설정된 구조방정식모델이 얼마나 정확하게 표본공분산자료를 예측하는가를 나타내며 다음과 같이 계산된다.

$$GFI = 1 - \frac{F(S, \Sigma(\theta))}{F(S, \Sigma(0))} \tag{3.3}$$

여기에서 $F(S, \Sigma(0))$은 구조방정식모델이 자료에 합치되기 전의 상태, 즉 모델의 모든 모수가 0인 경우($\theta = 0$)로서 표본공분산행렬로만으로 계산된 적합도 함수의 값을 나타낸다. 완전한 합치에서는 $F(S, \Sigma(\theta)) = 0$이 되므로 이때의 GFI는 1이 되며, 모델 적합도가 나빠질수록 GFI는 0에 가까워진다. 따라서 이론적으로 GFI는 0 ~ 1.0의 범위에서 값을 가지게 된다. 일반적으로 GFI의 값이 0.9 또는 0.95 이상이면 구조방정식모델은 표본공분산자료와 잘 부합한다고 평가한다. 절대적합도 지수로서 GFI는 모델의 간명성을 고려해서 적합도를 평가할 수 없는 단점이 있다. 즉, 구조방정식모델에서 모수의 개수가 늘어나면 표본공분산을 더 잘 설명할 수 있지만 모델이 복잡하게 되는 점을 GFI에서는 고려하지 않는다. 또한, 일반적으로 큰 표본은 GFI의 값을 크게 한다.

(2) AGFI(adjusted goodness of fit index)

AGFI는 절대적합도 지수 GFI가 구조방정식모델의 복잡성을 고려하지 못하는 단점을 보완하기 위해 개발된 절대적합도 지수로서 다음과 같이 정의된다.

$$AGFI = 1 - \frac{q(q+1)}{2df}(1 - GFI) \tag{3.4}$$

여기에서 q는 관찰변수의 개수, df는 구조방정식모델의 자유도를 나타낸다. 식 3.4를 통해 AGFI는 관찰변수의 개수와 모델의 자유도를 사용하여 GFI를 조정한 값임을 알 수 있다. GFI와 마찬가지로 공분산자료에 설정된 구조방정식모델이 완벽하게 적합한 경우에는 AGFI의 값은 1이 된다. 반면에 AGFI의 값이 1에서 멀어져 0에 가까울수록 설정된 구조방정식모델과 공분산자료는 잘 합치되지 않음을 의미한다. 일반적으로 AGFI의 값이 0.9 또는 0.95 이상이면 구조방정식모델은 표본공분산자료와 잘 부합한다고 해석한다. GFI와 AGFI는 모두 구조방정식모델이 공분산자료를 설명하는 데 관심이 집중되므로 이해하기 쉬운 장점이 있으나, 두 지수 모두 표본의 크기가 작으면 모형적합도를 과소추정하고 대표본인 경우에는 모형적합도를 과대추정하게 된다는 단점이 있다.

(3) SRMR(standardized root mean square residual)

표본공분산행렬과 구조방정식모델에 의해 추정된 모형공분산행렬의 차이를 잔차공분산행렬이라고 할 때 잔차공분산행렬의 대각선 이하 중복되지 않는 잔차들을 제곱하여 평균을 구한 뒤 제곱근의 취한 값이 잔차제곱평균 제곱근(RMR, root mean square residual)이 되며 다음과 같이 계산된다.

$$RMR = \sqrt{2 \sum_{i=1}^{q} \sum_{j=1}^{i} \frac{(s_{ij} - \sigma_{ij})^2}{q(q+1)}} \tag{3.5}$$

여기에서 s_{ij}와 σ_{ij}는 각각 표본공분산행렬과 구조방정식모델로부터 추정된 모형공분산행렬의 i행 j열에 해당하는 원소에 해당하며, q는 관찰변수의 개수이다. 구조방정식모델이 표본공본공산에 대해 완벽한 적합을 보인다면 잔차공분산행렬의 모든 원소가 0이 되므로 RMR이 0의 값을 가지게 되며 적합도 나빠질수록 RMR은 커지게 된다. RMR은 원점수 척도로부터 측정된 것이기 때문에 관찰변수들의 척도에 따라 달라지는 문제점이 있다. 따라서 모든 관찰변수의 값을 평균이 0, 표준편차 1인 표준점수로 바꿔주면 공분산행렬은 상관행렬이 되며 이로부터 잔차상관행렬이 계산된다. 잔차상관행렬로부터 대각선 이하 중복되지 않는 잔차들을 제곱하여 평균을 구한 뒤 제곱근의 취한 값이 바로 표준잔차제곱평균 제곱근(SRMR)이다. 일반적으로 SRMR이 0.05 이하이면 구조방정식모델은 양호한 모델로 평가된다.

(4) RMSEA(root mean square error of approximation)

χ^2 검증에서 영가설은 설정된 구조방정식모델이 모집단에 대해 완전히 부합한다는 엄격한 가정을 전제하고 있으며 중심 χ^2 분포(central chi-square distribution)를 이용하여 평가된다. 하지만, 실제 연구에서는 자료는 표본자료이며 영가설을 가정하는 것이 한계가 있다. 중심 χ^2 분포대신 비중심 χ^2 분포(noncentral chi-square distribution)를 검증에 이용하면 설정된 구조방정식모델이 모집단 자료에 완벽하게 부합될 것이라는 가정을 하지 않아도 된다. 즉, 비중심 χ^2 분포는 비중심성 모수치로 알려진 부가적인 모수치를 이용하여 영가설의 잘못된 징도를 나타낼 수 있다. 이 부가적인 모수치를 δ라고 하면 중심 χ^2 분포는 $\delta = 0$일 때 얻어짐을 알 수 있다. 비중심 χ^2 분포를 이용한 적합도 지수로서 근사오차제곱평균제곱근(RMSEA)이 있으며 다음과 같이 정의된다.

$$RMSEA = \sqrt{\frac{F(S,\Sigma(\theta)) - \dfrac{df}{N-1}}{df}} = \sqrt{\frac{(N-1)F(S,\Sigma(\theta)) - df}{(N-1)df}}$$
$$= \sqrt{\frac{\hat{\delta}}{(N-1)df}} \qquad (3.6)$$

여기에서 $\hat{\delta} = (N-1)F(S-\Sigma(\theta)) - df$이며 식 3.1에 의해 $\hat{\delta} = \chi^2 - df$로 나타낼 수 있다. $\hat{\delta}$는 음의 값을 가질 수 없으므로 $(\chi^2 - df)$와 0 중에 큰 값이 $\hat{\delta}$의 값으로 사용한다. 식 3.6에서 분모에 포함된 자유도 df는 모델의 간명성을 고려하는 역할을 하고 있다. 즉, 같은 자료에 대해 설명력이 동일한 두 개의 모델이 주어진다면 적합도 지수 RMSEA가 작을수록 더 간명한 모델이 되며 통계적으로 더 좋은 모델로 평가된다. 또한 분모의 $(N-1)$은 적합도의 계산에서 표본의 크기도 고려되고 있음을 보여준다. 분자의 경우 모델에 대한 χ^2 값이 아니라 $\hat{\delta} = \chi^2 - df$가 사용된다는 것은 설정된 모델이 모집단에 완벽하고 정확하게 들어맞는 모형이 아니라는 점을 반영한 것이다. 따라서 RMSEA는 적합도 지수로서 좋은 장점을 가지고 있다고 할 수 있다.

일반적으로 RMSEA의 값이 0에 가까울수록 설정된 구조방정식모델이 표본자료에 잘 들어맞는 것을 나타내며, 값이 커질수록 적합도는 점점 더 나빠진다. 따라서 설정된 구조방정식모델에 대해 RMSEA $\leq$ 0.05이면 오류가 아주 작은 양호한 모델로 평가하고, 0.05 < RMSEA $\leq$ 0.08이면 오류가 정도가 적절하여 그런대로 괜찮은 모델로 평가한다.

RMSEA를 이용하여 구조방정식모델의 적합도를 평가할 때 주의할 것은 표본자료를 통해 계산된 RMSEA 값은 점추정치로서 얻어질 수 있는 모든 RMSEA 값의 평균에 해당되므로 RMSEA의 분포, 즉 분산에 근거한 신뢰구간을 이용하여 모형적합도를 평가하는 것이 바람직하다. 대체로 90% 신뢰구간을 설정하여 RMSEA의 상한값이 0.1 이하가 될 경우 모형이 자료에 적합한 것으로 평가된다.

TIP   **GFI, AGFI, RMSEA의 다른 표현들**

제안된 구조방정식모델에 대한 적합도 함수를 통해 계산되는 카이제곱 통계량을 χ_M^2, 모델이 없을 때(null model) 즉, 표본공분산 자료로만으로 계산되는 적합도 함수에 의해 구해지는 카이제곱 통계량을 χ_{null}^2이라고 하고, df_M과 df_{null}를 각각 구조방정식모델과 null 모델의 자유도라고 하면 GFI와 $AGFI$는 다음과 같이 나타낼 수 있다.

$$GFI = 1 - \frac{\chi_M^2}{\chi_{null}^2}$$

$$AGFI = 1 - \frac{df_{null}}{df_M}(1 - GFI) = 1 - \frac{\chi_M^2/df_M}{\chi_{null}^2/df_{null}}$$

위의 식에서 모델에 나타난 관찰변수의 개수가 q일 경우, null 모델의 자유도 df_{null}은 $q(q+1)/2$로서 관찰변수의 공분산행렬에 의해 주어지는 중복되지 않는 정보의 개수와 동일하게 된다. 따라서 null 모델에서 자유모수의 개수는 0이 됨을 알 수 있다.
표본의 크기에 비교적 독립적이고 모델의 간명성까지 고려하는 RMSEA의 경우는 다음과 같이 나타낼 수 있다.

$$\text{RMSEA} = \sqrt{\max\left\{\left(\frac{F(S, \Sigma(\hat{\theta}))}{df} - \frac{1}{N-1}\right), 0\right\}}$$

여기에서 N은 표본의 크기를, $F(S, \Sigma(\hat{\theta}))$는 적합도 함수의 최소값을 나타낸다.

3.3   상대적합도 지수(relative fit index)

상대적합도 지수는 제안된 구조방정식모델이 관찰변수들 사이의 공분산이 모두 0으로 설정된 기저모델(baseline model)과 비교하여 적합도가 높은지를 평가해 주는 비교적합도 지수로서 증분적합도 지수(incremental fit index)라고도 부른다. 기저모델은 관찰변수들 사이에 아무런 상관이 없는 모델로서 독립모델(independence model) 또는 영모델(null model)이라고도 한다. 모든 관찰변수들 사이의 공분산은 0으로 가정되는 기저모델은 각 관찰변수들의 분산만 추정되기 때문에 모든 가능한 모델 중에서 가장 간단한 모델이 된다. 이와 대조적으로 모든 관찰변수들 사이에 관계과 존재하는 모델은 포화모델(saturated model)로서 가장 복잡한 모델이 된다. 구조방정식모델에 대한 카이제곱 값을 χ_M^2, 기저모델에 대한 카이제곱 값을 χ_b^2라고 하면 대부분의 경우 χ_M^2은 χ_b^2보다 아주 작은 값이 된다. 즉, 기저모델의 측면에서 보면 구조방정식모델은 더 좋은 적합도를 보이게 된다. 구조방정식모델의 적합도를 기저모델과 비교하여 평가하는 상대적합도 지수에는 NNFI, NFI, CFI 등이 있다.

(1) NNFI(nonnormed fit index)

NNFI는 설정된 구조방정식모델에 의한 적합도 개선이 가장 완벽한 모델에 의한 적합도 개선에 비해 어느 정도가 되는지를 나타내는 지수로서 TLI(Turker-Lewis index)라고도 부르며 다음과 같이 정의된다.

$$NNFI = \frac{\left(\chi_b^2/df_b - \chi_M^2/df_M\right)}{\left(\chi_b^2/df_b - 1\right)} \tag{3.7}$$

여기에서 χ_b^2, df_b는 기저모델의 카이제곱과 자유도를, χ_M^2, df_M은 제안된 구조방정식모델의 카이제곱과 자유도를 나타낸다. 카이제곱을 자유도로 나눈 값 χ^2/df는 표준카이제곱(NC, normed chisquare)라고 부르며 제안된 구조방정식모델과 자료 사이에 적합도가 높을수록 1에 가까운 값을 가지게 된다. 식 3.7에서 분모는 기저모델과 가장 완벽한 모델의 차이로서 가장 완벽한 모델이 기저모델에 비해 가지는 적합도의 향상 정도를 의미하고, 분자는 기저모델과 제안된 구조방정식모델의 차이로서 구조방정식모델이 기저모델에 비해 가지는 적합도의 향상 정도를 나타낸다. 따라서 NNFI 또는 TLI는 제안된 구조방정식모델의 향상도를 가장 완벽한 모델의 향상도로 나눈 값으로 생각될 수 있다. NNFI는 표본의 크기에 영향을 받지 않는 적합도 지수로서 0.9 또는 0.95 이상의 값을 가지면 좋은 모델로 평가한다.

(2) NFI(normmed fit index)

NNFI는 대체적으로 0~1의 범위에 속하는 값으로 나타나지만 경우에 따라 이 범위를 벗어날 수 있다. 이러한 점을 수정하기 위한 개발된 상대적합도 지수가 NFI이며, 다음과 같이 정의된다.

$$NFI = \frac{\chi_b^2 - \chi_M^2}{\chi_b^2} \tag{3.8}$$

여기에서 χ_b^2, χ_M^2은 각각 기저모델과 제안된 구조방정식모델의 카이제곱을 나타낸다. 식 3.8의 분자와 분모에 $(N-1)$을 곱하고 식 3.1의 관계식을 이용하면 NFI는 다음과 나타낼 수 있다.

$$NFI = \frac{(N-1)\chi_b^2 - (N-1)\chi_M^2}{(N-1)\chi_M^2} = \frac{F_b(S, \Sigma(\theta)) - F_M(S, \Sigma(\theta))}{F_b(S, \Sigma(\theta))} \tag{3.9}$$

여기에서 F_b와 F_M는 각각 기저모델과 제안된 구조방정식모델의 적합도 함수를 나타낸다. 따라서 NFI는 표본공분산 자료를 설명할 수 있는 가장 간명한 모델인 기저모델이 갖는 적합도 함수 값에서 구조방정식모델의 적합도 함수 값을 뺀 뒤 기저모델의 적합도 함수 값으로 나눔으로써 구조방정식모델이 적합도 함수의 값을 어느 정도 감소시키는지를 비율로 나타낸다. 완벽한 적합도를 보일 때 $F_M = 0$이 되므로 NFI는 1이 되며, 가장 나쁜 적합도는 제안된 모델이 기저모델과 같은 경우이므로 $F_M = F_b$가 되어 NFI는 0이 된다. 즉, NFI는 0과 1 사이의 값을 가지게 된다. NFI의 단점은 모델의 간명성에 대한 고려가 없으며 표본의 크기에 영향을 받는다는 것이다. 일반적으로 NFI가 0.9 또는 0.95 이상이면 좋은 모델로 평가한다.

(3) CFI(comparative fit index)

CFI는 모형이 RMSEA를 설명하면서 언급된 비중심 χ^2 분포를 따른다는 가정을 바탕으로 기저모델에 대한 설정된 구조방정식모델의 비중심 모수 δ의 향상정도를 나타내는 적합도 지수로서 다음과 같이 정의된다.

$$CFI = \frac{\delta_b - \delta_M}{\delta_b} \tag{3.10}$$

여기에서 δ_b와 δ_M은 가가 기저모델과 설정된 구조방정식모델의 비중심모수로서 다음과 같다.

$$\delta_b = (N-1)F_b(S - \Sigma(\theta)) - df_b = \chi_b^2 - df_b,$$

$$\delta_M = (N-1)F_M(S - \Sigma(\theta)) - df_M = \chi_M^2 - df_M$$

식 3.10을 통해 CFI는 기저모델에서 발생하는 오류량에 대한 설정된 구조방정식모델에 의해 감소된 오류량의 비율로서 해석될 수 있다. 제안된 구조방정식모델이 주어진 자료와 완전한 적합을 보이면 $\delta_M = 0$이므로 CFI는 1이 되며, 가장 좋지 않은 모형의 비중심 모수는 기저모델의 비중심 모수 δ_b이므로 이때의 CFI는 0이 된다. 따라서 CFI는 NFI와 같이 0과 1 사이의 값을 가지게 되며 0.9 또는 0.95 이상이면 적합도가 양호한 것으로 평가한다. CFI와 NFI의 차이점을 살펴보면 다음과 같다.

- 모델오류의 분포에서 NFI는 중심 χ^2 분포를 가정하는 반면 CFI는 보다 현실적인 비중심 χ^2 분포를 가정한다.
- NFI는 표본오류 정도를 이용하여 계산되므로 표본의 크기에 영향을 받지만, CFI는 모집단의 오류정도를 이용하여 계산되므로 표본의 크기에 따라 별로 영향을 받지 않는다.

CFI는 NFI에 비해 많은 장점을 가지고 있지만 모형의 간명성을 고려하지 않는 취약점을 가지고 있다. 일반적으로 불필요한 경로가 추가되어 모형이 복잡하게 되더라도 CFI는 증가할 뿐 감소하지 않는다.

3.4 예측적합도 지수(predictive fit index)

예측적합도 지수는 동일한 모집단으로부터 동일한 샘플링 절차에 따라 무작위로 수집된 표본들에서 대해 구조방정식모델이 동일한 적합도 결과를 얻을 수 있는지를 평가하는 지수로서 AIC(Akaike information criterion), BIC(Bayesian information criterion), ECVI(expected cross validation index), CN(critical N) 등이 있다. AIC와 BIC는 설정된 모형들을 서로 비교하여 자료에 더 잘 들어맞는 모형을 찾는 방법으로 작은 값의 가질수록 모델 적합도 좋음을 나타낸다. AIC는 다양한 형태로 정의되지만 구조방정식모델 문헌에서는 주로 다음과 같이 두 개의 공식이 사용하여 계산된다.

$$AIC = \chi_M^2 + 2t \tag{3.11}$$

$$AIC = \chi_M^2 - 2df_M \tag{3.12}$$

여기에서 χ_M^2, t, df_M 는 각각 구조방정식모델의 카이제곱, 자유모수의 개수, 자유도에 해당한다. 식 3.11과 3.12는 서로 다르게 보이지만 실질적으로 상대적인 변화는 두 공식에서 모두 같다. 비교하고자 하는 모형들의 χ_M^2이 같다고 할 때 자유모수 t가 클수록, 자유도 df_M이 작을수록 AIC는 증가하게 되어 적합도가 나빠지게 된다. BIC도 AIC와 같이 다양한 형태로 정의되지만 구조방정식모델 문헌에서는 주로 다음의 공식을 이용하여 계산된다.

$$BIC = \chi_M^2 + t\ln(N) \tag{3.13}$$

여기서 χ_M^2, t 는 AIC의 공식에서와 같이 각각 구조방정식모델의 카이제곱, 자유모수의 개수를 나타내며, N의 표본의 크기에 해당한다. AIC와 BIC는 모두 복잡한 모형(모수가 많은 모형)에 상대적으로 불리하게 작용함을 알 수 있으며, 둘 다 상대적으로 간명한 모형에 더 높은 적합도(더 낮은 AIC, BIC의 값)를 부여한다. 자유모수가 많아질수록 모델은 복잡하게 되며 적합과정에서 더 많은 우연에 노출되기 때문에 간명한 모델은 복잡한 모델에 비해 새롭게 선택되는 표본에 더 좋은 모형 적합도를 나타낼 가능성이 높다. 따라서 표본의 크기가 고려되지 않는 AIC의 경우, 표본의 크기가 증가함에 따라 복잡한 모델의 적합도는 더욱 나빠질 수 있다. 이러한 AIC의 단점을 보완하기 위해 AIC를 표본의 크기 N으로 나눈 값이 ECVI(Expected Cross Validation Index)가 되면 다음과 같이 정의된다.

$$ECVI = \frac{AIC}{N} \tag{3.14}$$

위에서 AIC에 식 3.11을 대입하면

$$ECVI = \frac{\chi_M^2 + 2t}{N} = \frac{(N-1)F_M(S, \Sigma(\theta))}{N} + \frac{2t}{N} \simeq F_M(S, \Sigma(\theta)) + \frac{2t}{N} \tag{3.15}$$

이 된다. 여기에서 $F_M(S, \Sigma(\theta))$는 적합도 함수를 나타낸다. ECVI는 표본 1개에 대해 기대되는 AIC로 해석될 수 있으며 AIC와 마찬가지로 더 작은 값을 가질수록 더 적합한 모형으로 평가된다.

결정적 표본크기 CN(critical N)은 어떤 적합도 함수가 설정된 유의수준에서 영가설을 기각하는 데 필요한 표본의 크기로서 다음과 같이 계산된다.

$$CN = (\chi_{crtitical}^2 / F_M(S, \Sigma(\theta)) + 1 \tag{3.16}$$

여기에서 $\chi_{critical}^2$은 영가설을 기각하기 위한 유의수준에서 구조방정식모델과 같은 자유도를 가지는 χ^2 분포의 경계값을 나타내며, $F_M(S, \Sigma(\theta))$은 구조방정식모델의 적합도 함수에 해당한다. 식 3.16은 식 3.1로부터 유도될 수 있다.

3.5 모형평가 위한 적합도 지수 활용

모형평가를 위해 지금까지 살펴본 적합도 지수들은 변수들 사이의 이론적 관계를 고려하지 않고 설정된 구조방정식모델이 표본자료에 부합되는 정도를 정성적으로 표현해준다. 따라서 적합도 지수는 모형과 자료와의 합치상태에 대한 통계적 기술로서 의의만가질 뿐 이론적 관계에 대해서는 어떤 정보도 제공하지 않는다. 또한, 각 적합도 지수가모든 측면에서 적합도를 평가하지 않기 때문에 어느 특정한 적합도 지수에만 의존하는것은 바람직하지 못하다. 모형의 평가목적에 맞도록 여러 가지 적합도 지수들을 선택하여 종합적으로 평가하는 것이 좋다. 더불어서 여러 개의 적합도 지수가 만족할만한 값을보인다고 해서 모형과 자료가 반드시 합치됨을 보장하지는 않는다.

TIP 적합도 지수와 판단기준의 요약

적합도 지수	매우 양호	양호
χ^2	$0 \leq \chi^2 \leq 2df$	$2df \leq \chi^2 \leq 3df$
χ^2/df	$0 \leq \chi^2/df \leq 2$	$2 \leq \chi^2/df \leq 3$
GFI	$0.95 \leq GFI \leq 1.00$	$0.90 \leq GFI \leq 0.95$
$AGFI$	$0.90 \leq AGFI \leq 1.00$	$0.85 \leq AGFI \leq 0.90$
$RMSEA$	$0 \leq RMSEA \leq 0.05$	$0.05 \leq RMSEA \leq 0.08$
$SRMR$	$0 \leq SRMR \leq 0.05$	$0.05 \leq SRMR \leq 0.10$
NFI	$0.95 \leq NFI \leq 1.00^a$	$0.90 \leq NFI \leq 0.95$
$NNFI$(or TLI)	$0.97 \leq NNFI \leq 1.00^b$	$0.95 \leq NNFI \leq 0.97$
CFI	$0.97 \leq NNFI \leq 1.00$	$0.95 \leq NNFI \leq 0.97$
AIC	비교하는 모델에서 AIC의 값이 작을수록 양호한 모델임	
BIC	비교하는 모델에서 BIC의 값이 작을수록 양호한 모델임	
$ECVI$	비교하는 모델에서 $ECVI$의 값이 작을수록 양호한 모델임	

[a] 표본의 크기가 작을 때 모델이 올바른 경우에도 NFI의 값은 1.0에 도달하지 못할 수도 있음.
[b] $NNFI$ 또는 TLI는 표준화되지 않은 값이므로 0과 1 사이의 값을 벗어나는 경우도 있음.

구조방정식모델 관련
R 패키지

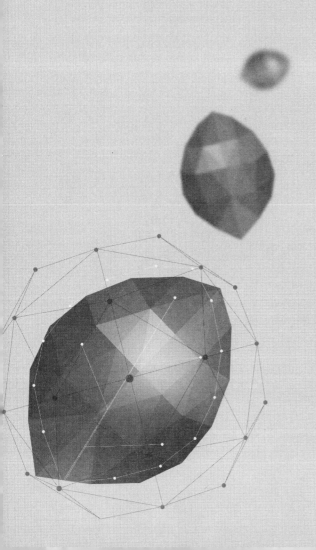

구조방정식모델의 분석에 활용되는 프로그램에는 LISREL, Mplus, EQS, AMOS, SAS, Stata 등이 있으며 이들은 모두 유료이다. 반면에 R은 무료로 사용할 수 있으며 구조방정식모델을 분석할 수 있는 패키지들(sem, OpenMx, lavaan, semPLS, plspm 등)이 있다. 여기서는 공분산기반-구조방정식모델의 분석에 활용되는 대표적인 두 패키지인 "sem"와 "lavaan" 그리고 탐색적요인 분석을 기반으로 하는 부분최소제곱(partial least square, PLS)-구조방정식모델의 분석에 활용되는 대표적인 두 패키지 "semPLS"와 "plspm"의 사용법을 그림 4.1의 모델을 토대로 살펴보기로 한다.

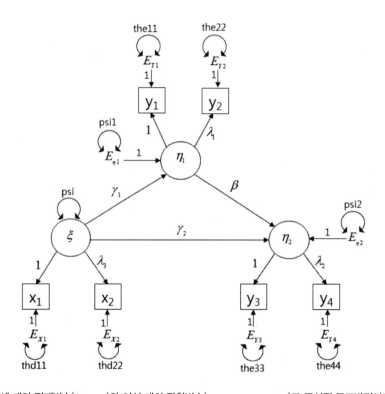

그림 4.1 세 개의 잠재변수(ξ, η_1, η_2)와 여섯 개의 관찰변수(y_1, y_2, y_3, y_4, x_1, x_2)로 구성된 구조방정식모델의 예.

the11, the22, the33, the44, thd11, thd22는 각각 측정오차 E_{Y1}, E_{Y2}, E_{Y3}, E_{Y4}, E_{X1}, E_{X2}의 분산을 나타낸다. psi1와 psi2는 각각 방해오차 E_{η_1}과 E_{η_2}의 분산을, psi는 외생잠재변수 ξ의 분산을 나타낸다.

4.1   sem 패키지

R의 "sem" 패키지를 이용하여 구조방정식모델을 분석할 때 "sem()" 함수를 사용한다. sem 함수는 내부적으로 RAM(recticular action model)[2]의 표기법을 따라 정의된 모델을 활용한다. 관찰변수와 잠재변수로 구성된 벡터를 ν, 관찰변수의 측정오차와 내생잠재변수의 방해오차 그리고 외생잠재변수로 구성된 벡터를 u, 회귀계수를 포함한 행렬을 A라고 하면 RAM에서는 $\nu = A\nu + u$와 같이 나타낸다. 그림 4.1의 구조방정식모델에서 ν, A, u를 구하면 다음과 같다.

$$\nu = \begin{bmatrix} y_1 \\ y_2 \\ y_3 \\ y_4 \\ x_1 \\ x_2 \\ \eta_1 \\ \eta_2 \\ \xi \end{bmatrix} \quad A = \begin{bmatrix} 0 & 0 & 0 & 0 & 0 & 0 & 1 & 0 & 0 \\ 0 & 0 & 0 & 0 & 0 & 0 & \lambda_1 & 0 & 0 \\ 0 & 0 & 0 & 0 & 0 & 0 & 0 & 1 & 0 \\ 0 & 0 & 0 & 0 & 0 & 0 & 0 & \lambda_2 & 0 \\ 0 & 0 & 0 & 0 & 0 & 0 & 0 & 0 & 1 \\ 0 & 0 & 0 & 0 & 0 & 0 & 0 & 0 & \lambda_3 \\ 0 & 0 & 0 & 0 & 0 & 0 & 0 & 0 & \gamma_1 \\ 0 & 0 & 0 & 0 & 0 & 0 & 0 & \beta & \gamma_2 \\ 0 & 0 & 0 & 0 & 0 & 0 & 0 & 0 & 0 \end{bmatrix} \quad u = \begin{bmatrix} E_{y1} \\ E_{y2} \\ E_{y3} \\ E_{y4} \\ E_{x1} \\ E_{x2} \\ E_{\eta1} \\ E_{\eta2} \\ \xi \end{bmatrix} \tag{4.1}$$

위에서 u는 측정오차 $E_{y1}, ..., E_{y4}, E_{x1}, E_{x2}$와 방해오차 $E_{\eta1}, E_{\eta2}$ 그리고 외생잠재변수 ξ를 원소로 포함하고 있다. 벡터 u의 공분산행렬을 P라고 하면

$$P = COV(u) = \begin{bmatrix} the11 & 0 & 0 & 0 & 0 & 0 & 0 & 0 & 0 \\ 0 & the22 & 0 & 0 & 0 & 0 & 0 & 0 & 0 \\ 0 & 0 & the33 & 0 & 0 & 0 & 0 & 0 & 0 \\ 0 & 0 & 0 & the44 & 0 & 0 & 0 & 0 & 0 \\ 0 & 0 & 0 & 0 & thd11 & 0 & 0 & 0 & 0 \\ 0 & 0 & 0 & 0 & 0 & thd22 & 0 & 0 & 0 \\ 0 & 0 & 0 & 0 & 0 & 0 & psi1 & 0 & 0 \\ 0 & 0 & 0 & 0 & 0 & 0 & 0 & psi2 & 0 \\ 0 & 0 & 0 & 0 & 0 & 0 & 0 & 0 & psi \end{bmatrix} \tag{4.2}$$

---

[2] McArdle, J.J., & McDonald, R.P. (1984) Some algebraic properties of the reticular action model. British Journal of Mathematical and Statistical Psychology, 37, 234-251.

이 된다(그림 4.1의 측정/방해 오차 및 외생잠재변수의 분산참조). 구조방정식모델에서 추정되어야 할 모수는 행렬 A와 P에서 미지수들이다. 즉, 인자적재치($\lambda_1, \lambda_2, \lambda_3$), 회귀 계수($\gamma_1, \gamma_2, \beta$), 측정오차의 분산($the11, the22, the33, the44, thd11, thd22$), 방해오차의 분산($psi1, psi2$) 그리고 외생잠재변수의 분산($psi$)로서 총 15개의 모수가 추정되어야 한다. 관찰변수($y_1, ..., y_4, x_1, x_2$)가 모두 편차변수라고 하면 관찰변수의 공분산행렬 C는 다음과 같이 나타낼 수 있다.

$$C = E(J\nu\nu'J) = J(I_m - A)^{-1} P\left[(I_m - A)^{-1}\right]'J \tag{4.3}$$

여기에서 m는 구조방정식모델에서 모든 변수(관찰변수, 잠재변수)의 개수, 즉 벡터 ν 의 원소의 개수에 해당하며, I_m은 $m \times m$의 항등행렬을 나타낸다. 행렬 J는 $m \times m$ 행 렬로서 다음과 같다.

$$J = \begin{bmatrix} I_n & 0 \\ 0 & 0 \end{bmatrix} \tag{4.4}$$

위의 식에서 n은 관찰변수의 개수에 해당한다. 벡터 ν는 관찰변수, 잠재변수의 순서 로 되어 있으므로 행렬 J를 이용하면 벡터 ν에 대해 관찰변수 부분만을 선택할 수 있다. 여기에서 $m = 9, n = 6$이 된다. 변수들의 다중정규분포를 가정할 때 다음의 같이 정의 되는 적합도 함수를 이용하여 모수를 추정할 수 있다.

$$F(A, P) = trace(SC^{-1}) + \ln|C| - \ln|S| - n \tag{4.5}$$

여기에서 C는 식 4.3에서 계산되는 공분산으로 행렬로서 두 행렬 A, P의 함수가 되 며 S는 데이터로부터 주어지는 관찰변수의 공분산행렬에 해당한다. $|C|$는 행렬 C의 행렬식(determinant)를 나타내며, n은 관찰변수의 개수이다. 적합도 함수 $F(A, P)$를 최 소화하도록 행렬 C를 추정하는 과정을 통해 행렬 A, P를 계산하게 되며 따라서 모수가 계산된다. 식 4.5를 이용하여 모수를 추정하는 방법을 최대우도법(maximum likelihood) 이라고 하며 "sem" 패키지의 sem() 함수는 R에 있는 nlm() 함수를 통해 수치해석적인 방 법으로 적합도 함수를 최소화함으로써 모수를 추정하게 된다.

이제 sem 패키지를 이용하여 그림 4.1의 구조방정식모델을 분석해 보자. 먼저 R 컨솔 창에서 specifiyModel() 함수를 이용하여 구조방정식모델을 정의해 보자.

```
>install.packages("sem")     # sem 패키지 설치
>library(sem)      # sem 패키지 로딩
>  mod.1 <- specifyModel()
1:  eta1 -> y1, NA, 1
2:  eta1 -> y2, lam1, NA
3:  eta2 -> y3, NA, 1
4:  eta2 -> y4, lam2, NA
5:  ksi -> x1, NA, 1
6:  ksi -> x2, lam3, NA
7:  eta1 -> eta2, beta, NA
8:  ksi -> eta1, gam1, NA
9:  ksi -> eta2, gam2, NA
10:  ksi <-> ksi, psi, NA
11:  eta1 <-> eta1, psi1, NA
12:  eta2 <-> eta2, psi2, NA
13:  y1 <-> y1, the11, NA
14:  y2 <-> y2, the22, NA
15:  y3 <-> y3, the33, NA
16:  y4 <-> y4, the44, NA
17:  x1 <-> x1, thd1, NA
18:  x2 <-> x2, thd2, NA
19:
Read 18 records
NOTE: it is generally simpler to use specifyEquations() or cfa()
     see ?specifyEquations
```

위에서는 보는 바와 같이 모델을 정의할 때 다소 불편한 점은 모수값이 정해진 경우를 제외하고는 추정되어야 할 모수의 이름을 설정해 주어야 한다는 것이다. 또한, 19번 줄과 같이 빈행(blank line)에서 엔터키를 치면 더 이상 입력이 없는 것으로 인식하고 함수를 종료하게 되는데 컨솔모드의 R을 사용하는 경우에는 문제가 되지 않지만 편집기능이 있는 Rstudio 같은 프로그램에서 스크립트 에디터창을 활용할 경우에는 곤란할 수 있다. 물론 정의되는 모델을 텍스트 파일(.txt) 형태로 저장한 뒤 Rstudio에서 파일을 불러들여

사용해도 되지만 모델의 수정이 빈번히 요구되는 경우에는 다소 번거로울 수 있다.

모델을 정의하는 각 행은 쉼표(,)를 통해 세 부분으로 나뉘어져 있는데, 첫 번째 부분은 화살표를 이용하여 변수 사이의 관계를, 두 번째 부분은 모델에서 추정되어야 모수의 이름을, 세 번째 부분은 모수의 값을 나타낸다. 그림 4.1에서 잠재변수 η_1에서 관찰변수 y1에 대한 인자적재치는 1로 설정이 되어있지만 적재치에 대한 이름이 없기 때문에 "eta1 → y1, NA, 1"와 같이 설정되었으며, 외생잠재변수 ξ의 경우와 같이 추정되어야 모수의 이름(psi)은 정해졌지만 값이 지정되지 않았으면 "ksi ↔ ksi, psi, NA"와 같이 설정한다. 변수사이의 관계는 나타내는 화살표에서 양쪽 화살표는 분산/공분산을 나타내는데, 이 때 주의할 것은 외생변수 ξ를 제외하고는 다음과 같이 해당변수 자체가 아니라 이들 변수들의 오차에 대한 분산/공분산을 의미한다.

ksi ↔ ksi: 외생잠재변수 ξ의 분산(psi)

eta1 ↔ eta1: 내생잠재변수 η_1의 방해오차 E_{η_1}의 분산(psi1)

eta2 ↔ eta2: 내생잠재변수 η_2의 방해오차 E_{η_2}의 분산(psi2)

y1 ↔ y1: 관찰변수 y1의 관측오차 E_{Y1}의 분산(the1)

...

x2 ↔ x2: 관찰변수 x2의 관측오차 E_{X2}의 분산(thd22)

모델 정의함수 specifyModel에 의해 새성된 모델 mod.1을 살펴보면 다음과 같다.

```
> mod.1
   Path          Parameter StartValue
1  eta1 -> y1    <fixed>   1
2  eta1 -> y2    lam1                  # λ₁
3  eta2 -> y3    <fixed>   1
4  eta2 -> y4    lam2                  # λ₂
5  ksi -> x1     <fixed>   1
6  ksi -> x2     lam3                  # λ₃
7  eta1 -> eta2  beta                  # β
8  ksi -> eta1   gam1                  # γ₁
9  ksi -> eta2   gam2                  # γ₂
10 ksi <-> ksi   psi
```

```
11 eta1 <-> eta1 the11
12 eta2 <-> eta2 psi2
13 y1 <-> y1    the11
14 y2 <-> y2    the22
15 y3 <-> y3    the33
16 y4 <-> y4    the44
17 x1 <-> x1    thd1
18 x2 <-> x2    thd2
```

이제 다음의 공분산 자료를 이용하여 정의된 모델 mod.1을 평가해 보자.

```
# 공분산자료
> covmat <- matrix(c(
+  11.834, 0, 0, 0, 0, 0,
+  6.947, 9.364, 0, 0, 0, 0,
+  6.819, 5.091, 12.532, 0, 0, 0,
+  4.783, 5.028, 7.495, 9.986, 0, 0,
+  -3.839, -3.889, -3.841, -3.625, 9.610, 0,
+  -21.899, -18.831, -21.748, -18.775, 35.522, 450.288),
+  6, 6, byrow=TRUE)
>
>  rownames(covmat) <- colnames(covmat) <-  c("y1","y2","y3","y4","x1","x2")
> covmat # 공분산행렬
        y1      y2      y3      y4     x1      x2
y1  11.834   0.000   0.000   0.000  0.000   0.000
y2   6.947   9.364   0.000   0.000  0.000   0.000
y3   6.819   5.091  12.532   0.000  0.000   0.000
y4   4.783   5.028   7.495   9.986  0.000   0.000
x1  -3.839  -3.889  -3.841  -3.625  9.610   0.000
x2 -21.899 -18.831 -21.748 -18.775 35.522 450.288
> sem.res <- sem(mod.1, covmat, N=1000) # N: 표본의 크기
> summary(sem.res,fit.indices=c("GFI", "AGFI", "RMSEA", "NFI", "NNFI",
+          "CFI", "SRMR") )
 Model Chisquare = 76.68986   Df =  6 Pr(>Chisq) = 1.72201e-14
 Goodness-of-fit index =  0.9751676
```

```
Adjusted goodness-of-fit index =  0.9130866
RMSEA index =  0.1085976   90% CI: (0.0876805, 0.1309269)
Bentler-Bonett NFI =  0.9664687
Tucker-Lewis NNFI =  0.9222201
Bentler CFI =  0.968888
SRMR =  0.02123735


Normalized Residuals
      Min.    1st Qu.    Median      Mean    3rd Qu.      Max.
-1.3029908 -0.2193704 -0.0000131 -0.0158915  0.2531211  1.3784596


R-square for Endogenous Variables
 eta1    y1     y2   eta2     y3     y4     x1     x2
0.3212 0.6607 0.6592 0.5763 0.7047 0.6370 0.6936 0.4204


Parameter Estimates
        Estimate    Std Error   z value      Pr(>|z|)
lam1    0.8885364   0.04006301  22.178472  5.542971e-109 y2 <--- eta1
lam2    0.8487223   0.03857321  22.002894  2.701755e-107 y4 <--- eta2
lam3    5.3289571   0.41488392  12.844453  9.240235e-38  x2 <--- ksi
beta    0.7047276   0.05168333  13.635491  2.463287e-42  eta2 <--- eta1
gam1   -0.6138170   0.05449650 -11.263420  1.988865e-29  eta1 <--- ksi
gam2   -0.1741787   0.05204634  -3.346608  8.180675e-04  eta2 <--- ksi
psi     6.6658511   0.61885309  10.771298  4.703233e-27  ksi <--> ksi
psi1    5.3069765   0.45623371  11.632145  2.828993e-31  eta1 <--> eta1
psi2    3.7412397   0.37414111   9.999542  1.531040e-23  eta2 <--> eta2
the11   4.0155181   0.33127146  12.121533  8.122500e-34  y1 <--> y1
the22   3.1913382   0.26205101  12.178309  4.056045e-34  y2 <--> y2
the33   3.7010811   0.36048685  10.266896  9.934944e-25  y3 <--> y3
the44   3.6248251   0.28196429  12.855618  7.998439e-38  y4 <--> y4
thd1    2.9441577   0.48249009   6.102007  1.047451e-09  x1 <--> x1
thd2  260.9929854  17.60999152  14.820733  1.076035e-49  x2 <--> x2
Iterations =  85
```

위에서 구조방정식모델의 분석을 위해 사용된 sem() 함수의 인수를 살펴보면 다음과
같다.

sem(모델, 공분산행렬, 표본의 크기)

여기에서 모델은 specifyModel, specifyEquations, cfa 등의 함수를 통해 정의될 수 있
다. 공분산행렬은 대칭행렬, 하삼각행렬 혹은 상삼각행렬의 형태가 가능하다. 자료는 공
분산행렬과 표본의 크기로 주어질 수도 있고, 아니면 이들을 계산할 수 있는 데이터프레
임의 형태로 제공될 수도 있다. sem() 함수는 분석결과를 객체로 반환하며 summary 함
수를 이용하면 추정된 모수의 값뿐만 아니라 fit.indices 인수를 지정해 줌으로써 모형적
합도와 관련된 지수들의 값도 살펴볼 수 있다. 여기서는 관측오차, 방해오차, 외생잠재변
수 사이에는 아무런 상관관계가 없는 것으로 가정하였지만, 그림 4.1의 구조방정식모델
에서 만약 관측오차 E_{Y1}과 E_{Y3} 사이의 공분산이 고려되어야 한다면 모델정의 부분에
"y1 $\leftrightarrow$ y3"를 추가하면 된다. 관측오차나 방해오차 사이에 공분산의 고려는 연구자의 이
론적인 고찰 등에 의해 설정될 수 있다. 적합도 지수들의 값을 살펴볼 때 RMSEA 값을 제
외하고는 대체로 양호함을 알 수 있다(GFI=0.975, AGFI=0.913, NFI=0.966, NNFI=0.922,
CFI=0.969, SRMR=0.021). 모델의 적합도를 해석할 때 유의할 것은 적합도 지수들은 모
형과 자료의 합치상태가 어떠한지 기술하는 정성적인 도구일 뿐이라는 점이다. 즉, 적합
도 지수가 좋다고 해서 설정된 구조방정식과 자료가 항상 잘 합치한다고 결론을 내릴 수
없다. 따라서 여러 적합도 지수가 만족할만한 수준을 보인다고 해도 제안된 구조방정식
모델과 자료가 실제로 잘 적합한지는 세심하게 살펴보아야 한다.

모수의 추정치(Estimate) 외에 모수의 표준편차(Std Error), 표준화값(z value), 그리고
모수의 통계적 유의성 판단을 위한 p-value (Pr($>$|z|))도 함께 제공된다. 일반적으로
p-value가 0.05보다 작으면 추정된 값은 통계적으로 유의성이 있다고 판단한다. 이 기준
을 적용할 때 추정된 모든 모수의 값들은 통계적으로 유의함을 알 수 있다.

4.2   lavaan 패키지

"lavaan" 패키지는 "sem" 패키지보다 모델 정의가 쉽고 간단하여 구조방정식모델 관련 R 패키지 중에 활용과 인기가 높으며, 홈페이지(http://lavaan.ugent.be/index.html)에 기본적인 사용법과 예제가 나와 있다. 여기서는 앞에서 "sem" 패키지를 사용하여 분석하였던 모델을 "lavann" 패키지를 이용하여 분석해 볼 것이다. 먼저 "lavaan" 패키지에서 모델정의를 위해 사용되는 연산기호들과 이들의 의미를 살펴보면 표 4.1과 같다.

표 4.1 lavaan 패키지에서 모델정의를 위해 사용되는 연산기호.

연산기호	기능	예	비고
=~	잠재변수 정의	F=~A+B+C	F: 잠재변수(요인), A, B, C: 측정변수
~	회귀관계 정의	A ~ B	A: 종속변수 B: 독립변수
~~	분산/공분산 정의	A ~~ B	변수 A, B 사이의 공분산
~1	상수/평균/절편 정의	B ~ 1	변수 B의 절편
:=	새로운 모수의 정의	u:=a-b	a, b: 모델에서 정의된 모수 u: 새롭게 정의된 모수
*	모수의 라벨정의	Z ~ b*X	b:회귀계수(모수)의 라벨
		범주형 내생변수의 역치정의	u|t1	t1: 내생변수 u의 역치

공분산 정의에 사용되는 "~~" 연산자를 사용할 때 외생변수인 경우에는 두 변수 사이의 공분산이 계산되지만, 내생변수의 경우에는 그 두 변수의 오차항 사이의 공분산이 계산됨에 유의하자.

lavaan의 경우 모델정의를 위해 컨솔모드의 R을 사용할 필요가 없으며, Rstudio에서 바로 모델을 정의할 수 있다. 따라서 Rstudio에서 구조방정식모델을 정의 및 분석을 해보도록 하자. 표 4.1의 lavaan 연산자를 이용하여 그림 4.1의 구조방정식모델을 정의해보면 다음과 같다.

```
install.packages("lavaan") # lavaan 패키지의 설치
library(lavaan) # lavaan 패키지의 로딩
Lmod.1 <- '
# 잠재변수의 정의
eta1 =~ y1 + lam1*y2
eta2 =~ y3 + lam2*y4
ksi =~ x1 + lam3*x2
# 회귀관계
eta1 ~ gam1*ksi
eta2 ~ beta*eta1 + gam2*ksi
# 분산/공분산
ksi ~~ psi*ksi # 외생변수 ξ의 분산
eta1 ~~ psi1*eta1 # 방해오차 E_{η1}의 분산
eta2 ~~ psi2*eta2 # 방해오차 E_{η2}의 분산
# 측정오차의 분산
y1 ~~ the11*y1 # 측정오차 E_{Y1}의 분산
y2 ~~ the22*y2 # 측정오차 E_{Y2}의 분산
y3 ~~ the33*y3 # 측정오차 E_{Y3}의 분산
y4 ~~ the44*y4 # 측정오차 E_{Y4}의 분산
x1 ~~ thd11*x1 # 측정오차 E_{X1}의 분산
x2 ~~ thd22*x2 # 측정오차 E_{X2}의 분산
'

Lmod.2 <- '
eta1 =~ y1 + y2
eta2 =~ y3 + y4
ksi =~ x1 + x2
eta1 ~ ksi
eta2 ~ eta1 + ksi
ksi ~~ ksi
eta1 ~~ eta1
eta2 ~~ eta2
y1 ~~ y1
y2 ~~ y2
y3 ~~ y3
y4 ~~ y4
```

```
x1 ~~ x1
x2 ~~ x2
'


Lmod.3 <- '
eta1 =~ y1 + y2
eta2 =~ y3 + y4
ksi =~ x1 + x2
eta1 ~ ksi
eta2 ~ eta1 + ksi
'
```

lavaan에서 구조방정식모델의 정의는 일반적으로 다음의 형태를 따른다.

```
ModelName <- '
model definition ...
'
```

위에서 정의된 세 모델 Lmod.1, Lmod.2, Lmod.3는 모두 동일하다. 첫 번째 모델 Lmod.1에서는 "sem" 패키지에서와 같이 인자적재치, 회귀계수, 분산 등 추정될 모수에 이름이 설정되어 있으며, 두 번째 모델 Lmod.2의 경우는 추정될 모수에 이름이 설정되지 않았다. 즉, lavaan에서는 모델을 정의할 때 추정될 모수의 이름을 설정해 주지 않아도 됨을 알 수 있다. 세 번째 모델 Lmod.3은 잠재변수 정의 부분과 회귀관계만 설정하고 분산/공분산 부분은 따로 지정해 주지 않았다. 즉, lavaan에서는 별다른 지정이 없을 경우 일반적인 구조방정식모델의 가정을 따라 측정오차, 방해오차, 외생변수 사이에 상관은 없는 것으로 간주하고 외생변수의 분산/공분산 및 내생변수의 오차분산은 디폴트로 계산한다(제1장 참조). 세 번째 모델은 간결하여 사용하기 편리함을 알 수 있다. 이제 4.1절에서 사용했던 동일한 공분산 자료를 이용하여 모수를 추정해 보자.

```
# 공분산행렬
covmat <- matrix(c(
  11.834, 0, 0, 0, 0, 0,
  6.947, 9.364, 0, 0, 0, 0,
  6.819, 5.091, 12.532, 0, 0, 0,
  4.783, 5.028, 7.495, 9.986, 0, 0,
  -3.839, -3.889, -3.841, -3.625, 9.610, 0,
  -21.899, -18.831, -21.748, -18.775, 35.522, 450.288),
  6, 6, byrow=TRUE)
# 공분산행렬의 행과 열이름 설정
rownames(covmat) <- colnames(covmat) <- c("y1",
                        "y2","y3","y4","x1","x2")
Lsem.res1=sem(Lmod.1,sample.cov=covmat,sample.nobs=1000)
summary(Lsem.res1)
```

```
lavaan 0.6-3 ended normally after 72 iterations

  Optimization method                        NLMINB
  Number of free parameters                      15

  Number of observations                       1000

  Estimator                                      ML
  Model Fit Test Statistic                   76.767
  Degrees of freedom                              6
  P-value (Chi-square)                        0.000

Parameter Estimates:

  Information                              Expected
  Information saturated (h1) model       Structured
  Standard Errors                          Standard

Latent Variables:
                Estimate  Std.Err  z-value  P(>|z|)
  eta1 =~
    y1                1.000
    y2      (lam1)    0.889    0.040   22.190    0.000
  eta2 =~
```

```
     y3                  1.000
     y4       (lam2)     0.849     0.039    22.014     0.000
 ksi =~
     x1                  1.000
     x2       (lam3)     5.329     0.415    12.851     0.000


Regressions:
                      Estimate   Std.Err   z-value   P(>|z|)
   eta1 ~
     ksi      (gam1)    -0.614     0.054   -11.269     0.000
   eta2 ~
     eta1     (beta)     0.705     0.052    13.642     0.000
     ksi      (gam2)    -0.174     0.052    -3.348     0.001


Variances:
                      Estimate   Std.Err   z-value   P(>|z|)
     ksi      (psi)      6.659     0.618    10.777     0.000
    .eta1     (psi1)     5.302     0.456    11.638     0.000
    .eta2     (psi2)     3.737     0.374    10.005     0.000
    .y1       (the11)    4.012     0.331    12.128     0.000
    .y2       (the22)    3.188     0.262    12.184     0.000
    .y3       (th33)     3.697     0.360    10.272     0.000
    .y4       (th44)     3.621     0.282    12.862     0.000
    .x1       (thd11)    2.941     0.482     6.105     0.000
    .x2       (thd22)  260.732    17.584    14.828     0.000
```

```
# 적합도 지수
fit.indices=c("gfi","agfi","srmr","rmsea","nnfi","nfi","cfi")
fitMeasures(Lsem.res1,fit.indices)
```

```
  gfi  agfi  srmr rmsea  nnfi   nfi   cfi
0.975 0.913 0.021 0.109 0.922 0.966 0.969
```

추정될 모수의 개수(Number of free parameters)는 15이며 자유도(Degrees of freedom)은 6으로 나와있다. 공분산행렬에서 중복되지 않는 원소의 개수, 즉 정보의 개수는 $6 \times 7/2 = 21$이므로 여기에서 자유모수의 개수 13을 빼면 자유도 6이 계산된다. 추정된 모수의 값은 4.1절에서 "sem" 패키지를 이용하여 계산한 값과 거의 동일함을 알 수 있다.

아래의 코드를 이용하여 두 번째(Lmod.2), 세 번째 모델(Lmod.3)을 분석해도 추정된 모수의 이름이 지정되지 않는 것 외에 Lmod.1의 분석결과와 동일함을 알 수 있다.

```
Lsem.res2=sem(Lmod.2,sample.cov=covmat,sample.nobs=1000)
Lsem.res3=sem(Lmod.3,sample.cov=covmat,sample.nobs=1000)
summary(Lsem.res2)
summary(Lsem.res3)
```

분석결과의 "Variances:" 부분에서 변수 앞에 "."가 붙은 것은 내생변수의 (측정/방해) 오차에 대한 분산임을 알려준다. 예들 들면, ".y1"은 측정변수 y1이 아니라 y1의 측정오차 E_{Y1}에 대한 분산임을 나타낸다. 일반적으로 구조방정식모델에서 측정오차 사이에는 상관관계가 없다(공분산이 0)고 가정되지만, 상관관계가 추가되어야 한다면 " ~~ "를 사용하여 공분산을 지정해 주면 된다. 따라서 그림 4.1의 모델에 E_{Y1}과 E_{Y3}의 상관관계가 추가되어야 한다면 다음과 같이 모델을 설정해 주면 된다.

```
Lmod.4 <- '
eta1 =~ y1 + y2
eta2 =~ y3 + y4
ksi =~ x1 + x2
eta1 ~ ksi
eta2 ~ eta1 + ksi
# 추가되는 부분
y1 ~~ y3  # E_Y1과  E_Y3의 공분산설정
'
Lsem.res4=sem(Lmod.4,sample.cov=covmat,sample.nobs=1000)
summary(Lsem.res4)
lavaan 0.6-3 ended normally after 77 iterations

  Optimization method                     NLMINB
  Number of free parameters                   16

  Number of observations                    1000
```

```
Estimator                                        ML
Model Fit Test Statistic                      6.800
Degrees of freedom                                5
P-value (Chi-square)                          0.236


Parameter Estimates:


Information                               Expected
Information saturated (h1) model        Structured
Standard Errors                           Standard


Latent Variables:
                   Estimate  Std.Err  z-value  P(>|z|)
  eta1 =~
    y1                1.000
    y2                1.027    0.051   20.023    0.000
  eta2 =~
    y3                1.000
    y4                0.971    0.048   20.362    0.000
  ksi =~
    x1                1.000
    x2                5.163    0.407   12.699    0.000


Regressions:
                   Estimate  Std.Err  z-value  P(>|z|)
  eta1 ~
    ksi              -0.550    0.052  -10.667    0.000
  eta2 ~
    eta1              0.617    0.048   12.872    0.000
    ksi              -0.211    0.048   -4.448    0.000


Covariances:
                   Estimate  Std.Err  z-value  P(>|z|)
 .y1 ~~
   .y3                1.885    0.231    8.150    0.000


Variances:
                   Estimate  Std.Err  z-value  P(>|z|)
   .y1               5.060    0.358   14.147    0.000
```

```
 .y2              2.212    0.306    7.226    0.000
 .y3              4.807    0.381   12.618    0.000
 .y4              2.680    0.318    8.429    0.000
 .x1              2.727    0.498    5.480    0.000
 .x2            266.630   17.537   15.204    0.000
 .eta1            4.700    0.418   11.258    0.000
 .eta2            3.862    0.331   11.666    0.000
  ksi            6.874    0.634   10.838    0.000
```

```
fitMeasures(Lsem.res4,fit.indices)
```

```
  gfi  agfi  srmr rmsea  nnfi   nfi   cfi
0.998 0.990 0.011 0.019 0.998 0.997 0.999
```

모델 Lmod.4에서는 모델 Lmod.3에서보다 추정되어야 모수가 한 개 더 많으므로 (y1의 측정오차와 y3의 측정오차 사이의 공분산) 자유모수는 15+1=16이 되고, 자유도는 6-1=5가 됨을 알 수 있다. Lmod.4의 분석결과에서는 "Covariances:" 부분이 추가되었으며 y1의 측정오차와 y3의 측정오차 사이의 공분산은 1.885로 계산되었다. 이 공분산의 추가로 인해 적합도 지수도 조금 개선되었음을 알 수 있다.

4.3   semPLS 패키지

"semPLS" 패키지는 앞에서 살펴본 공분산 기반의 구조방정식모델을 분석하는 "sem" 패키지나 "lavaan" 패키지와는 모수추정 방법이 다르다. 즉, "sem"과 "lavaan"의 경우는 관찰변수로부터 계산된 공분산과 구조방정식모델에 의해 추정된 공분산의 적합과정을 통해 모수를 추정한다면 "semPLS" 패키지는 회귀분석에서 회귀계수를 추정하기 위해 최소자승법(LS, least square) 사용하는 것과 유사하게 부분최소제곱법(PLS, partial least square)를 이용하여 통제된 오차를 최소화함으로써 모수를 추정하게 된다. PLS 기법을 통해 구조방정식모델의 모수를 추정하는 원리는 제 11 장에서 자세히 살펴보기로 하고 여기서는 그림 4.2의 모델을 중심으로 "semPLS" 패키지를 활용하는 방법에 대해 살펴보기로 한다. 그림 4.2는 그림 4.1과 달리 분산/공분산에 대한 모수가 없다. 대신에 모델을 잠재변수 사이의 관계를 기술하는 내부모델(inner model)과 잠재변수와 측정변수 사이의 관계를 기술하는 외부모델(outer model)로 구분하고 있다.

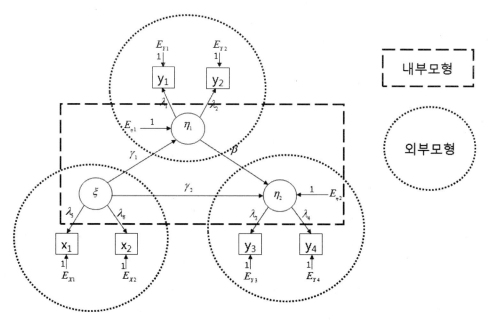

그림 4.2 내부모델(점선 사각형)과 외부모델(점선 원)로 구분된 구조방정식모델의 예.

내부모델은 구조모델(structure model), 외부모델은 측정모델(measurement model) 이라 불리기도 한다. semPLS 패키지를 이용하여 구조방정식모델의 모수(인자적재치와 회귀계수)를 추정하기 위해서는 구조모델과 측정모델을 행렬로 나타내는 것이 필요하다. 다음의 R 코드를 이용하여 그림 4.2의 모델에 대해 구조모델행렬과 측정모델행렬을 만들어 보자.

```
# 구조모델행렬 만들기
sou.sm <- c("ksi","ksi","eta1")
targ.sm <- c("eta1","eta2","eta2")
sm <- cbind(sou.sm,targ.sm)
colnames(sm) <- c("source","target")

sm # 구조모델행렬
     source target
[1,] "ksi"  "eta1"
[2,] "ksi"  "eta2"
[3,] "eta1" "eta2"

# 측정모델행렬 만들기
sou.mm <- c("eta1","eta1","eta2","eta2","ksi","ksi")
targ.mm <- c("y1","y2","y3","y4","x1","x2")
mm <- cbind(sou.mm,targ.mm)
colnames(mm) <- c("source","target")
mm
     source target
[1,] "eta1" "y1"

[2,] "eta1" "y2"
[3,] "eta2" "y3"
[4,] "eta2" "y4"
[5,] "ksi"  "x1"
[6,] "ksi"  "x2"
```

위에서 구조모델행렬 sm과 측정모델행렬 mm에서 같은 행에 첫 번째 열의 원소 a이고 두 번째 열의 원소가 b라면 두 변수 a, b는 "$a \rightarrow b$"의 관계를 가짐을 나타낸다.

이제 모수 추정을 위한 자료를 준비해 보자. "sem", "lavaan" 패키지에서는 기본적으로 공분산자료를 활용하여 모수를 추정하지만, "semPLS" 패키지는 모델에 의한 예측값과 측정값 사이의 오차의 제곱을 최소화하는 과정을 통해 모수를 추정하기 때문에 관찰변수에 대한 측정값을 데이터로 제공해야 한다. 여기서는 4.1, 4.2 절에서 사용되었던 공분산 자료를 이용하여 아래와 같이 관찰변수의 측정값에 대한 모의자료를 생성하도록 한다.

```
install.packages("MASS") # MASS 패키지 설치
library(MASS) # mvrnorm 함수를 사용하기 위한 MASS 패키지 로딩
# 4.1, 4.2 절에서 모수추정을 위해 사용되었던 공분산행렬
covmat <- matrix(c(
  11.834, 0, 0, 0, 0, 0,
  6.947, 9.364, 0, 0, 0, 0,
  6.819, 5.091, 12.532, 0, 0, 0,
  4.783, 5.028, 7.495, 9.986, 0, 0,
  -3.839, -3.889, -3.841, -3.625, 9.610, 0,
  -21.899, -18.831, -21.748, -18.775, 35.522, 450.288),
  6, 6, byrow=TRUE)
rownames(covmat) <- colnames(covmat) <-  c("y1", "y2","y3","y4","x1","x2")
DatSim <- mvrnorm(n = 1000,mu=c(0,0,0,0,0,0), Sigma=covmat,empirical = TRUE)
colnames(DatSim) <- c("y1","y2","y3","y4","x1","x2")
DatSim <- data.frame(DatSim) # 행렬을 데이터프레임으로 바꿈
head(DatSim)

          y1         y2        y3         y4         x1         x2
1 -1.2993251 -3.6740266 1.0927606  1.4647903 -4.7159706 -30.953850
2 -6.8807382 -5.4799959 1.9919827  3.4521857 -0.1555065   4.405214
3  0.6953185  2.5641355 2.6604689 -0.8542111 -5.0201430 -42.160757
4  2.1261634  1.2012861 1.1101701  1.1812128  2.7536354   2.426414
5  2.2331963  3.1555893 0.4158867  2.3250335  0.2832761  -3.089360
6  4.5702918  0.7380637 4.4600626  3.3903228  1.4814425 -12.035872
```

위에서 "MASS" 패키지에 있는 mvrnorm() 함수는 다변량 정규분포로부터 난수를 추출하는 함수로서 여기서는 공분산행렬로부터 관측변수의 값을 추출하는 역할을 하였다. mvrnorm() 함수는 결과를 행렬의 형태로 변환하므로 data.frame() 함수를 이용하여 최종적으로 관측값 자료를 데이터프레임으로 바꿔주었다. 구조모델행렬, 측정모델행렬, 측정값이 저장된 데이터프레임을 이용하여 준비되었으므로 semPLS 패키지에 있는 plsm() 함수를 이용하여 다음과 같이 구조방정식모델을 정의해 보자.

```
install.packages("semPLS") # semPLS 패키지 설치
library(semPLS) # semPLS 패키지 로딩
modP <- plsm(data=DatSim ,strucmod=sm, measuremod = mm) # 모델정의
modP

$latent  # 잠재변수
[1] "ksi"  "eta1" "eta2"
$manifest # 관찰변수
[1] "x1" "x2" "y1" "y2" "y3" "y4"
$strucmod  # 구조모델행렬
     source target
[1,] "ksi"  "eta1"
[2,] "ksi"  "eta2"
[3,] "eta1" "eta2"
$measuremod # 측정모델행렬
     sou.mm targ.mm
[1,] "ksi"  "x1"
[2,] "ksi"  "x2"
[3,] "eta1" "y1"
[4,] "eta1" "y2"
[5,] "eta2" "y3"
[6,] "eta2" "y4"
$D  # 구조모델의 인접행렬
    ksi eta1 eta2
ksi   0   1   1
eta1  0   0   1
eta2  0   0   0
$M # 측정모델의 인접행렬
   ksi eta1 eta2
x1   1   0   0
x2   1   0   0
y1   0   1   0
y2   0   1   0
y3   0   0   1
y4   0   0   1
$blocks
$blocks$ksi
[1] "x1" "x2"
attr(,"mode")
```

```
[1] "A"
$blocks$eta1
[1] "y1" "y2"
attr(,"mode")
[1] "A"
$blocks$eta2
[1] "y3" "y4"
attr(,"mode")
[1] "A"
$order
[1] "generic"
attr(,"class")
[1] "plsm"
```

위에서 정의된 모델 modP에는 구조모델과 측정모델의 인접행렬에 대한 정보가 들어 있음을 알 수 있다. 인접행렬은 변수 사이의 연결관계를 나타내는데, 행으로부터 열로의 인과관계가 있으면 1, 없으면 0으로 나타낸다. 예를 들면, 구조모델의 인접행렬은 의미 는 다음과 같다.

```
$D
     ksi eta1 eta2
ksi   0    1    1       # ksi -> eta1, ksi -> eta2
eta1  0    0    1       # eta1 -> eta2
eta2  0    0    0
```

정의된 모델(modP)와 관측자료(DatSim)을 이용하여 그림 4.2의 구조방정식모델의 모수를 계산하기 위해 semPLS 패키지에 있는 sempls() 함수를 이용해 보자.

```
pls.res <- sempls(model=modP,data=DatSim)

pls.res
                  Path Estimate
lam_1_1      ksi -> x1      0.91
lam_1_2      ksi -> x2      0.84
lam_2_1     eta1 -> y1      0.91
lam_2_2     eta1 -> y2      0.91
lam_3_1     eta2 -> y3      0.92
lam_3_2     eta2 -> y4      0.91
beta_1_2  ksi -> eta1     -0.43
beta_1_3  ksi -> eta2     -0.18
beta_2_3 eta1 -> eta2      0.52
```

위에서 추정된 모수(인자 적채치, 회귀계수)를 구조방정식모델에 나타내면 그림 4.3
과 같다.

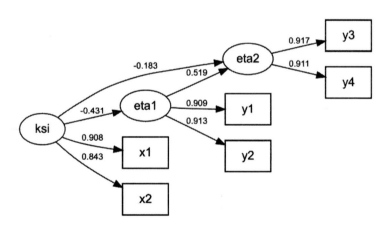

그림 4.3 PLS 방법에 의해 추정된 모수를 나타낸 구조정식모델.

4.4   plspm 패키지

"plspm" 패키지도 "semPLS" 패키지와 같이 구조방정식모델의 모수를 추정하기 위해 PLS 기법을 이용한다. "semPLS"에서 유사하게 구조모델에 대한 행렬이 요구된다. 그림 4.2의 모델에 대한 구조모델 행렬을 만들어보면 다음과 같다.

```
ksi <- c(0,0,0)
eta1 <- c(1,0,0)
eta2 <- c(1,1,0)
st.path <- rbind(ksi,eta1,eta2)
colnames(st.path) <- rownames(st.path)
st.path
```
```
     ksi eta1 eta2
ksi   0    0    0
eta1  1    0    0    # ksi -> eta1
eta2  1    1    0    # ksi -> eta2, eta1 -> eta2
```

위의 구조모델행렬 st.path에서 원소 0과 1의 의미는 "semPLS" 패키지에서 구조모델 행렬과 인과관계의 해석이 반대이다. 즉, 구조모델행렬에서 i번째 행, j번째 열의 원소를 (i,j)라고 할 때, "semPLS" 패키지에서는 $i \rightarrow j$ 의미이지만, "plspm" 패키지에서는 $j \rightarrow i$의 의미가 된다. 구조모델행렬을 생성한 다음으로 잠재변수와 관련된 관찰변수를 다음과 같이 정의해 보자.

```
la.blocks <- list(c("x1","x2"),c("y1","y2"),c("y3","y4"))
la.modes <- rep("A",3) # 세 잠재변수(ksi, eta1, eta2) 모두 반영지표로 측정됨
```

위에서 la.blocks는 구조모델행렬에 나타난 세 잠재변수의 순서대로 각 잠재변수에 대한 관찰변수를 벡터로 묶어 지정해 준다. 관찰변수 x1과 x2는 첫 번째 잠재변수 ksi에, 관찰변수 y1과 y2는 두 번째 eta1에, 관찰변수 y3와 y4는 세 번째 잠재변수 eta2에 관련되어 있음을 나타내는 리스트이다. la.modes에서 문자 "A"는 잠재변수가 반영지표(잠재

변수 → 관찰변수)로 측정되었음을 나타내며, 여기서는 세 잠재변수(ksi, eta1, eta2) 모두가 반영지표로 측정되었으므로 잠재변수의 모드가 모두 "A"로 설정되었다. 만약 잠재변수가 형성지표(잠재변수 ← 관찰변수)로 연결된 경우에는 잠재변수에 대한 모드를 "B"로 설정해 주면 된다.

이제 "plspm" 패키지에 있는 plspm() 함수를 이용하여 그림 4.2의 구조방정식모델의 모수를 추정해 보자. 관찰변수의 측정자료는 4.3절의 "DatSim" 데이터프레임을 사용하기로 한다.

```
library(plspm)
pls.res <- plspm(Data=DatSim,path_matrix=st.path,la.blocks,modes=la.modes)
summary(pls.res)
PARTIAL LEAST SQUARES PATH MODELING (PLS-PM)
-----------------------------------------------------------
MODEL SPECIFICATION
1    Number of Cases      1000
2    Latent Variables     3
3    Manifest Variables   6
4    Scale of Data        Standardized Data
5    Non-Metric PLS       FALSE
6    Weighting Scheme     centroid
7    Tolerance Crit       1e-06
8    Max Num Iters        100
9    Convergence Iters    3
10   Bootstrapping        FALSE
11   Bootstrap samples    NULL
-----------------------------------------------------------
BLOCKS DEFINITION
     Block       Type    Size   Mode
1     ksi    Exogenous     2     A
2    eta1   Endogenous     2     A
3    eta2   Endogenous     2     A
-----------------------------------------------------------
BLOCKS UNIDIMENSIONALITY
      Mode  MVs  C.alpha  DG.rho  eig.1st  eig.2nd
ksi    A     2    0.701    0.870    1.54     0.46
eta1   A     2    0.795    0.907    1.66     0.34
```

```
eta2    A    2    0.802    0.910    1.67    0.33
------------------------------------------------------------
OUTER MODEL # 측정모델
        weight  loading  communality  redundancy
ksi
  1 x1  0.639   0.908       0.825       0.000
  1 x2  0.498   0.843       0.710       0.000
eta1
  2 y1  0.543   0.909       0.826       0.154
  2 y2  0.555   0.913       0.834       0.155
eta2
  3 y3  0.556   0.917       0.840       0.323
  3 y4  0.538   0.911       0.830       0.319
------------------------------------------------------------
CROSSLOADINGS
          ksi    eta1    eta2
ksi
  1 x1   0.908  -0.423  -0.394
  1 x2   0.843  -0.324  -0.312
eta1
  2 y1  -0.379   0.909   0.548
  2 y2  -0.406   0.913   0.541
eta2
  3 y3  -0.368   0.565   0.917
  3 y4  -0.376   0.527   0.911


------------------------------------------------------------
INNER MODEL # 구조모델
$eta1
            Estimate  Std. Error   t value   Pr(>|t|)
Intercept   1.93e-17     0.0286   6.77e-16   1.00e+00
ksi        -4.31e-01     0.0286  -1.51e+01   1.33e-46

$eta2
            Estimate  Std. Error   t value   Pr(>|t|)
Intercept  -2.84e-18     0.0248  -1.14e-16   1.00e+00
ksi        -1.83e-01     0.0275  -6.65e+00   4.96e-11
eta1        5.19e-01     0.0275   1.88e+01   5.56e-68
------------------------------------------------------------
```

```
CORRELATIONS BETWEEN LVs
         ksi    eta1    eta2
ksi     1.000  -0.431  -0.407
eta1   -0.431   1.000   0.598
eta2   -0.407   0.598   1.000
----------------------------------------------------------
SUMMARY INNER MODEL
            Type     R2  Block_Communality  Mean_Redundancy   AVE
ksi    Exogenous   0.000              0.767            0.000  0.767
eta1  Endogenous   0.186              0.830            0.155  0.830
eta2  Endogenous   0.385              0.835            0.321  0.835


----------------------------------------------------------
GOODNESS-OF-FIT
[1]  0.4811
----------------------------------------------------------
TOTAL EFFECTS
   relationships  direct  indirect   total
1     ksi -> eta1  -0.431     0.000  -0.431
2     ksi -> eta2  -0.183    -0.224  -0.407
3    eta1 -> eta2   0.519     0.000   0.519
x11()
plot(pls.res,colpos="black",colneg="black") # 그림 4.4
x11()
plot(pls.res,what="loadings",colpos="black",colneg="black") # 그림 4.5
```

위의 결과에서 구조모델의 회귀계수(그림 4.4), 측정모델의 적재치(그림 4.5)의 값은 "semPLS"를 이용하여 분석된 4.3절의 결과와 거의 동일함을 알 수 있다. 이외에도 plspm() 함수는 구조방정식모델의 내적 일관성 신뢰도 평가관련 자료를 비롯한 많은 정보들을 제공하고 있는데, 이들에 관한 자세한 사항은 제 11 장에서 다루기로 한다.

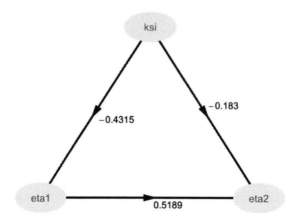

그림 4.4 plspm() 함수에 의해 추정된 내부모델의 회귀계수.

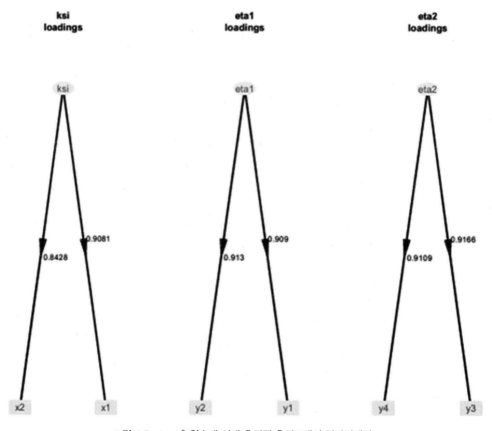

그림 4.5 plspm() 함수에 의해 추정된 측정모델의 인자적재치.

경로모델

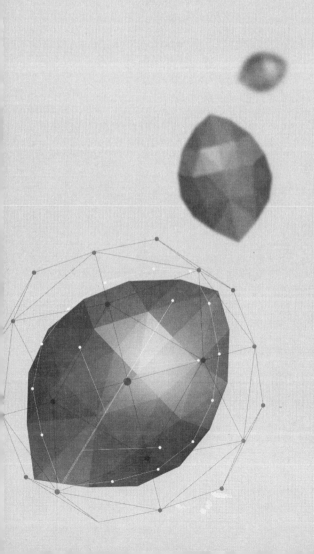

경로모델은 관찰변수로만 구성된 구조방정식모델에 해당되며 잠재변수는 상정되지 않는다. p개의 내생 관찰변수 y와 q개의 외생 관찰변수 x로 구성된 경로모델은 다음과 같이 나타낼 수 있다.

$$y = By + \Gamma x + \zeta$$

여기에서 $B[p \times p]$는 내생 관찰변수 사이의 인과관계를, $\Gamma[p \times q]$는 외생 관찰변수의 내생 관찰변수에 대한 인과관계를, $\zeta[p \times 1]$는 외생 관찰변수에 의해 설명되지 않는 내생 관찰변수의 부분을 설명하는 방해오차를 나타낸다. 경로모델의 분석에서 기본적인 가정은 다음과 같다.

① 변수들 사이의 연결구조는 선형적이며 부가적이다.
② 측정오차가 없다. 즉, 관찰변수의 측정이 완벽하다
③ 내생변수 사이의 연결은 일방 화살표로 연결된다. 즉, 한 번 진행한 화살표는 역방향으로 진행할 수 없다.
④ 외생변수는 방해오차와 상관이 없다. 즉, 외생변수와 방해오차의 공분산은 0이다.

5.1   경로모델의 형태

경로모델은 변수들 간의 인과관계를 비롯한 상호관계를 그림 5.1에 나타난 기호들을 이용하여 다이어그램 형태로 표현함으로써 변수들 상호관계를 쉽고 빠르게 이해하는 데 유용하다. 사각형으로 표시된 관찰변수는 크게 두 종류의 변수, 즉 원인변수(외생변수)와 원인변수에 의해 직접적으로 영향을 받는 변수(내생변수)로 나눌 수 있다. 회귀모델에서 외생변수는 예측변수, 독립변수, 설명변수 등으로 부르기도 하며 내생변수는 결과변수, 반응변수, 종속변수 등으로 부르기도 한다. 그림 5.2에서 X_1, X_2, X_3는 모두 외생관찰변수이며 Y는 내생 관찰변수에 해당된다. 일방 화살표 ($\rightarrow$, $\leftarrow$)는 직접적인 영향을 나타내며, 양방향 화살표($\leftrightarrow$)는 공분산(covariance)/상관관계(correlation)을 나타낸다. 따라서 그림 5.2를 통해 세 관찰변수 X_1, X_2, X_3는 Y에 직접적인 영향을 주는 동시에 관찰변수들은 서로 상관관계를 가짐을 알 수 있다. 그림 5.2의 (A)와 (B)의 차이점은 표준화된 관측변수의 사용 여부에 달려있다. 그림 5.2의 (B)를 표준화시킬 경우 다음과 같이 나타낼 수 있다.

$$\frac{Y-g}{\sqrt{\sigma_{yy}}} = a\sqrt{\frac{\sigma_{11}}{\sigma_{yy}}}\frac{X_1-\mu_1}{\sqrt{\sigma_{11}}} + b\sqrt{\frac{\sigma_{22}}{\sigma_{yy}}}\frac{X_2-\mu_2}{\sqrt{\sigma_{22}}} + c\sqrt{\frac{\sigma_{33}}{\sigma_{yy}}}\frac{X_3-\mu_3}{\sqrt{\sigma_{33}}}$$
$$+ \sqrt{\frac{\sigma_{\epsilon\epsilon}}{\sigma_{yy}}}\frac{E_y}{\sqrt{\sigma_{\epsilon\epsilon}}} \tag{5.1}$$

$(g, \mu_1, \mu_2, \mu_3$는 각각 Y, X_1, X_2, X_3의 평균, $\sigma_{yy}, \sigma_{11}, \sigma_{22}, \sigma_{33}, \sigma_{\epsilon\epsilon}$는 각각 Y, X_1, X_2, X_3, E_y의 분산)

그림 5.1 경로모델을 작성하는 데 사용되는 기호들.

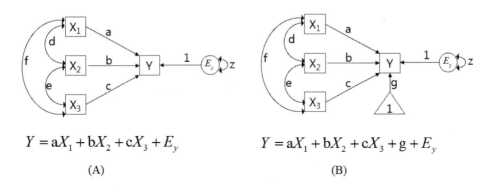

그림 5.2 세 개의 예측변수를 가진 경로모델. (A) 표준화된 모델, (B) 표준화되지 않은 모델(g는 Y의 절편임).

그림 5.2에서 E_y는 내생변수 Y의 관측된 값과 모델에 의해 예측되는 값 사이의 차이로서 모델에 의해 설명되지 않는 부분인 방해오차에 해당된다. 상관관계를 나타내는 양쪽화살표($\leftrightarrow$)는 내생변수 사이에는 연결될 수 없으며 내생변수의 오차 사이에는 상관관계를 가질 수 있다. 예를 들면, 그림 5.3에서 하나의 외생변수 W에서 영향을 받고 있는 두 내생변수 X, Y는 직접적으로 상관관계를 가질 수 없지만 이들 변수로부터 W의 영향이 제거된 오차변수 E_x와 E_Y는 상관관계를 가질 수 있다.

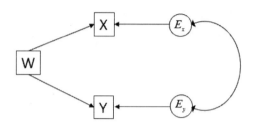

그림 5.3 부분 상관관계를 가진 경로모델.

　그림 5.2와 5.3에서와 같이 모든 변수들이 관측이나 측정 가능한 변수로 구성된 경로
모델은 회귀모델의 확장으로 해석될 수 있으며, 관측변수들 사이에 상호의존적인 혹은
동시적인 인과관계 때문에 회귀모델을 적용하기가 곤란한 경우에도 경로모델에서는 분
석이 가능하다. 경로모델의 표현은 저자에 따라 달리 표현되기도 한다. 그림 5.4는 단순
회귀에 대한 동일한 경로모델을 나타내고 있다[3].

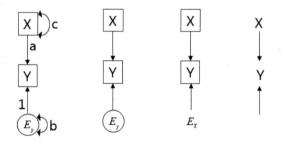

그림 5.4 동일한 경로모델에 대한 다양한 표현들.

---

3 Alexander Beaujean, A. Latent variance modeling using R: a step-by-step guide. (Taylor & Francis, 2014), p. 24.

5.2　경로계수의 계산

　표준화된 경로모델인 그림 5.2의 A에서 계수 d, e, f는 상관계수를, a, b, c는 표준화된 부분 회귀계수를 나타낸다. a, b, c는 간단히 경로계수라고 부르기도 한다. 표준화는 각 변수의 편차변수를 해당 변수의 표준편차로 나누어 줌으로써 평균이 0, 표준편차가 1인 Z 점수로 변환하는 것을 의미한다. 그림 5.2의 경로모델 (A)에서 관찰변수 사이의 Pearson 상관계수가 표 5.1과 같이 주어진다고 하자.

표 5.1 그림 5.2의 경로모델(A)에서 관찰변수 사이의 Pearson 상관계수.

	X_1	X_2	X_3	Y
X_1	1.00			
X_2	0.42	1.00		
X_3	0.42	0.27	1.00	
Y	0.27	0.43	0.27	1.00

　표 5.1로부터 X_1과 X_2, X_2와 X_3, X_1과 X_3에 대한 상관계수는 각각 $0.42, 0.27, 0.42$이므로 d, e, f의 값은 다음과 같다.

$d = 0.42, e = 0.27, f = 0.42$

　또한, X_1과 Y, X_2와 Y, X_3와 Y의 상관계수를 각각 r_{1Y}, r_{2Y}, r_{3Y}라고 하면

$r_{1Y} = 0.27, r_{2Y} = 0.43, r_{3Y} = 0.27$

이 된다. 변수 사이의 상관계수에 대한 정보로부터 경로계수 a, b, c는 Wright의 추적규칙(Wright's tracing rule)을 이용하여 계산할 수 있다. 경로모델에 대한 추적규칙은 다음과 같다.

　① 두 변수를 연결하는 모든 경로를 탐색하고, 각 경로에 따라 경로계수를 곱한다.

② 일방향 화살표의 역방향으로 출발할 수 있지만 이미 정방향으로 경로를 진행했다
면 다시 되돌아올 수 없다.

③ 루프는 금지된다. 즉, 주어진 경로에서 이미 통과한 변수를 다시 통과할 수는 없다.

④ 하나의 경로에서 양방향 화살표는 최대로 1개 있을 수 있다.

⑤ 두 변수를 연결하는 모든 경로를 합한다.

위의 추적규칙을 이용하여 그림 5.2의 (A)에서 r_{1Y}, r_{2Y}, r_{3Y}는 다음과 같이 나타낼 수
있다.

$$r_{1Y} = a + bd + fc \;\; \rightarrow \;\; 0.27 = a + 0.42b + 0.42c$$

$$r_{2Y} = b + ad + ec \;\; \rightarrow \;\; 0.43 = b + 0.42a + 0.27c$$

$$r_{3Y} = c + eb + fa \;\; \rightarrow \;\; 0.27 = c + 0.27b + 0.42a$$

위의 연립방정식은 다음과 같이 R의 solve() 함수를 이용하면 쉽게 풀 수 있다.

```
A = matrix(c(1,0.42,0.42,0.42,1,0.27,0.42,0.27,1),byrow=TRUE,ncol=3)
B = c(0.27,0.43,0.27)
round(solve(A,B),3)
[1] 0.053 0.368 0.148
```

따라서 경로계수 a, b, c는 다음과 같다.

$a = 0.053 , b = 0.368 , c = 0.148$

또한, 내생 관찰변수 Y의 방해오차 E_y의 자기 상관계수 z는 다음과 같이 계산될 수
있다.

$$r_{YY} = a^2 + b^2 + c^2 + 2(afc) + 2(adb) + 2(bec) + z$$

$r_{YY} = 1$이므로

$$1 = 0.053^2 + 0.368^2 + 0.148^2 + 2(0.053)(0.42)(0.148)$$

$$+ 2(0.053)(0.42)(0.368) + 2(0.368)(0.27)(0.148) + z$$

$$1 - 0.213 = 0.787 = z$$

E_y의 자기 상관계수 z의 값이 0.787이므로 Y의 분산 가운데 예측변수 X_1, X_2, X_3에 의해 설명되어지는 분산의 분율, 즉 R^2은

$$R^2 = 1 - z = 1 - 0.787 = 0.213$$

이 된다. 즉, 관찰변수 Y의 분산 가운데 78.7%는 방해오차 E_y에 의해서 설명되며, X_1, X_2, X_3를 통해 설명되는 부분은 21.3%임을 알 수 있다. 또한, a, b, c의 값의 비교를 통해 Y에 미치는 영향의 효과는 $X_2 > X_3 > X_1$임을 알 수 있다. 경로모델에 대한 경로 계수의 계산 및 다양한 분석 작업은 경로모델이 복잡해짐에 따라 계산도 복잡해진다. R 의 "lavaan" 패키지의 sem() 함수를 이용하여 그림 5.2의 (A) 모델에 대한 경로계수를 계산해 보면 다음과 같다.

```
library(lavaan)
corMat = lav_matrix_lower2full(c(1.00,
                                 0.42,1.00,
                                 0.42,0.27,1.00,
                                 0.27,0.43,0.27,1.00))
colnames(corMat) <- rownames(corMat) <- c("X1","X2","X3","Y")
corMat # 관찰변수 사이의 상관행렬(표 5.1)
     X1   X2   X3    Y
X1 1.00 0.42 0.42 0.27
X2 0.42 1.00 0.27 0.43
X3 0.42 0.27 1.00 0.27
Y  0.27 0.43 0.27 1.00
PathModel <- '    # 경로모델의 정의 (그림 5.2의 A)
 Y ~ a*X1+b*X2+c*X3
 '
fitM=sem(PathModel,sample.cov=corMat,sample.nobs=1000,fixed.x=FALSE)
summary(fitM,fit.measures=TRUE)
```

```
lavaan 0.6-3 ended normally after 13 iterations
   Optimization method                          NLMINB
   Number of free parameters                        10
   Number of observations                         1000


   Estimator                                        ML
   Model Fit Test Statistic                      0.000    # χ² 통계량
   Degrees of freedom                                0
   Minimum Function Value           0.0000000000000

Model test baseline model:
   Minimum Function Test Statistic             238.892
   Degrees of freedom                                3
   P-value                                       0.000
User model versus baseline model:
   Comparative Fit Index (CFI)                   1.000
   Tucker-Lewis Index (TLI)                      1.000


Loglikelihood and Information Criteria:
   Loglikelihood user model (H0)             -5353.737
   Loglikelihood unrestricted model (H1)     -5353.737


   Number of free parameters                        10
   Akaike (AIC)                              10727.473
   Bayesian (BIC)                            10776.551
   Sample-size adjusted Bayesian (BIC)       10744.790


Root Mean Square Error of Approximation:
   RMSEA                                         0.000
   90 Percent Confidence Interval         0.000  0.000
   P-value RMSEA <= 0.05                             NA


Standardized Root Mean Square Residual:
   SRMR                                          0.000
Parameter Estimates:
   Information                                Expected
   Information saturated (h1) model         Structured
   Standard Errors                            Standard
```

```
Regressions:   # 경로계수
                    Estimate   Std.Err   z-value   P(>|z|)
  Y ~
    X1        (a)     0.053     0.033     1.615     0.106
    X2        (b)     0.368     0.031    11.809     0.000
    X3        (c)     0.148     0.031     4.767     0.000

Covariances: # 외생변수 사이의 공분산(상관행렬이 사용됨으로써 여기서는 상관계수)
                    Estimate   Std.Err   z-value   P(>|z|)
  X1 ~~
    X2              0.420     0.034    12.245     0.000
    X3              0.420     0.034    12.245     0.000
  X2 ~~
    X3              0.270     0.033     8.243     0.000

Variances: # 외생변수의 분산과 내생변수의 방해오차에 대한 분산
                    Estimate   Std.Err   z-value   P(>|z|)
   .Y               0.787     0.035    22.361     0.000   # 방해오차 $E_y$의 분산
    X1              0.999     0.045    22.361     0.000   # X1의 분산
    X2              0.999     0.045    22.361     0.000   # X2의 분산
    X3              0.999     0.045    22.361     0.000   # X3의 분산
```

위에서 sem() 함수에서 인수부분의 설정을 잠깐 살펴보자.

```
fitM=sem(PathModel,sample.cov=corMat,sample.nobs=1000,fixed.x=FALSE)
```

공분산을 지정해 주는 sample.cov에 표 5.1의 상관행렬을 대입하였으므로 얻어지는 모수는 모두 표준화 모수가 된다. 모수추정을 위해 최대우도법(ML)을 사용하므로 표본의 크기를 1000으로 설정해 주었으며 더 큰 값을 사용하여도 추정된 모수의 값에는 거의 변동이 없다. "fixed.x=FLASE" 부분은 외생관찰변수의 공분산 혹은 상관자료를 표 5.1에서 가져오지 말고 계산하도록 한다. 이 옵션이 생략되면 외생관찰변수의 분산/공분산 모수는 계산되지 않고 공분산자료로부터 바로 가져오게 되며 이에 따라 추정될 모수의 수와 모델의 자유도도 달라진다. 즉, 그림 5.2의 (A) 모델에 대해 추정될 모수의 수와 자유도는 다음과 같다.

- "fixed.x=FALSE"일 때: a, b, c, d, e, f, X_1의 분산, X_2의 분산, X_3의 분산, Y의 오차 의 분산으로서 총 10개의 모수를 추정함
- "fixed.x=TRUE"(디폴트)일 때: a, b, c, Y의 오차의 분산으로서 총 4개의 모수를 추정함

표 5.1에서 주어지는 총 정보의 수는 10이지만 이 중에서 외생관찰변수의 분산/공분 산 자료를 제거하면 정보의 수는 4가 된다. 따라서 위의 각 경우에 대해 정보의 수에서 추정될 모수의 수를 뺀 자유도는 모두 0이 됨을 알 수 있다. 그림 5.2의 (A)의 경로모델 은 lavaan에서 'Y =~ a*X1+b*X2+c*X3'와 같이 간단히 정의될 수 있으며 다음과 같이 보 다 세부적으로 나타낼 수도 있다.

```
'Y =~ a*X1+b*X2+c*X3 # 경로계수 설정
Y ~~ z*Y # 방해오차 Ey의 분산 설정 (생략가능)
X1 ~~ d*X2 # 외생변수 X1과 X2 사이의 공분산 설정 (생략가능)
X1 ~~ f*X3  # 외생변수 X1과 X3 사이의 공분산 설정 (생략가능)
X2 ~~ e*X3  # 외생변수 X2과 X3 사이의 공분산 설정 (생략가능)
X1 ~~ X1 # 외생변수 X1의 분산설정 (생략가능)
X2 ~~ X2 # 외생변수 X2의 분산설정 (생략가능)
X3 ~~ X3 # 외생변수 X3의 분산설정 (생략가능)
'
```

즉, lavaan에서는 외생변수 사이의 분산/공분산이나 내생변수의 방해오차에 대한 분 산은 모델에서 설정해 주지 않아도 자동적으로 계산해 줌으로써 모델을 간략히 나타낼 수 있다.

경로계수 a, b, c는 "Regressions:" 부분에, 외생변수의 공분산은 "Covariances:" 부분 에, 내생변수 Y에 대한 방해오차 E_y의 분산 및 외생변수의 분산은 "Variances:" 부분에 나와 있다. 앞에서 추적규칙을 사용하여 계산한 값과 거의 동일함을 알 수 있다. 외생변 수 X_1, X_2, X_3의 내생변수 Y에 대한 설명력으로 해석될 수 있는 R^2은 Y의 분산에서 방해오차 E_y의 분산을 뺌으로써 얻어질 수 있으며 위의 결과를 이용하여 계산하면 앞에 서 연립방정식을 풀어서 얻은 값과 동일함을 알 수 있다.

$$R^2 = VAR(Y) - VAR(E_y) = 1 - 0.787 = 0.213$$

모형의 적합도의 경우 카이제곱의 값은 $\chi^2 = 0$으로 영가설 H_0를 지지하며, 나머지 적합도 지수도 대체적으로 양호함을 보인다(CFI 〉 0.9, TLI 〉 0.95, RMSEA 〈 0.05, SRMR 〈 0.05). 따라서 설정된 경로모델(그림 5.2의 A)은 표 5.1의 자료와 좋은 합치를 보인다고 평가할 수 있다. sem() 함수에 반환된 fitM 객체는 R의 "semPlot" 패키지를 통해 그래프로도 나타낼 수 있다(그림 5.5).

```
library(semPlot)
x11() # 그림 5.5
semPaths(fitM, whatLabels = "est", style="Mx", curveAdjacent=FALSE,
label.cex=1.5, layout="tree",curvePivot=TRUE,edge.label.cex=1.0,esize=1.5)
```

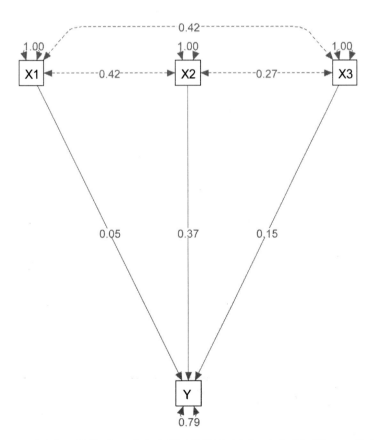

그림 5.5 semPlot 패키지를 이용한 경로모델의 시각화. 상관행렬로부터 모수가 계산되었으므로 추정된 모수는 표준화 모수에 해당한다.

5.1 교사의 기대가 학생들의 학업성취도에 미치는 직·간접적인 효과를 E5.1의 경로모델을 이용하여 비교해 보고자 한다.

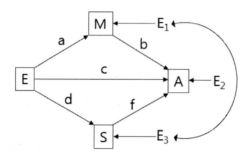

E5.1 경로모델. E: 교사의 기대, M: 학업분위기, S: 학습범위, A: 학생의 학업성취도.

위의 경로모델에서 교사의 기대가 학생들의 학업성취도에 미치는 직접적인 영향력의 크기는 경로계수 c, 간접적인 영향력의 크기는 $a \times b + d \times f$로 해석될 수 있다. 교사의 기대, 학업분위기, 학습범위, 학생들의 학업성취도 사이의 공분산이 다음과 같을 때 경로계수 a, b, c, d, f를 구하고 교사의 기대가 학생들의 학업성취도에 미치는 직·간접적인 효과를 비교해 보라. 공분산이 계산된 표본의 크기는 500이다.

	교사의 기대(E)	학업 분위기(M)	학습범위(S)	학생의 학업성취도(A)
교사의 기대(E)	84			
학업 분위기(M)	71	140		
학습 범위(S)	18	-6	72	
학생의 성취도(A)	60	84	37	139

풀이

경로계수를 계산하기 전에 E5.1의 경로모델에서 추정되어야 모수의 개수를 계산해 보면 경로계수 a, b, c, d, f와 내생변수 M, A, S의 방해오차 E1, E2, E3의 분산 그리고 E1과 E3의 공분산으로서 모두 9개가 된다. 반면에 공분산 자료로부터 주어지는 정보의 개수 (공분산행렬에서 중복되지 않는 원소의 개수)는 10이다. lavaan에서는 외생관찰변수와 관련된 분산 혹은 공분산은 계산하지 않고 자료의 값을 그대로 사용할 수 있다. 그림 E5.1의 경로모델에서 외생관찰변수는 E밖에 없으므로 E의 분산에 대한 정보를 제외하

면 공분산행렬로부터 주어지는 정보의 개수는 9가 된다. 따라서 자유도(=정보의 개수-모수의 개수)는 0이 된다. 다음이 R 코드를 이용하여 경로계수를 포함한 모수들을 계산해 보자.

```
library(lavaan)
covMat = lav_matrix_lower2full(c(84,
                                 71,140,
                                 18,-6,72,
                                 60,84,37,139))
colnames(covMat) <- rownames(covMat) <- c("E","M","S","A")
covMat
PathModel <- '        # 경로모델
M ~ a*E
S ~ d*E
A ~ b*M + c*E + f*S
M ~~ S
'
fitM=sem(PathModel,sample.cov=covMat,sample.nobs=500)
summary(fitM,standardized=TRUE)
```

```
lavaan 0.6-3 ended normally after 33 iterations

  Optimization method                        NLMINB
  Number of free parameters                       9  # 추정될 모수의 개수


  Number of observations                        500  # 표본의 크기


  Estimator                                      ML
  Model Fit Test Statistic                    0.000
  Degrees of freedom                              0  # 자유도
  Minimum Function Value         0.0000000000000

Parameter Estimates:

  Information                              Expected
  Information saturated (h1) model       Structured
  Standard Errors                          Standard
```

```
Regressions:
                    Estimate  Std.Err  z-value  P(>|z|)   Std.lv   Std.all
  M ~
    E        (a)      0.845    0.044   19.368    0.000    0.845    0.655
  S ~
    E        (d)      0.214    0.040    5.320    0.000    0.214    0.231
  A ~
    M        (b)      0.556    0.042   13.220    0.000    0.556    0.558
    E        (c)      0.131    0.056    2.357    0.018    0.131    0.102
    S        (f)      0.527    0.046   11.574    0.000    0.527    0.380

Covariances:
                    Estimate  Std.Err  z-value  P(>|z|)   Std.lv   Std.all
 .M ~~
   .S              -21.172    3.428   -6.175    0.000  -21.172   -0.287

Variances:
                    Estimate  Std.Err  z-value  P(>|z|)   Std.lv   Std.all
   .M               79.828    5.049   15.811    0.000   79.828    0.571
   .S               68.007    4.301   15.811    0.000   68.007    0.946
   .A               64.773    4.097   15.811    0.000   64.773    0.467
```

위의 결과에서 추정된 모든 모수들은 통계적으로 유의성을 보이고 있다($p < 0.05$). 표준화된 경로계수(Std.all 부분)를 이용하여 교사의 기대가 학생들의 학업성취도에 미치는 직접적인 영향력의 크기를 계산해 보면 다음과 같다.

직접적인 영향력 $c = 0.102$

간접적인 영향력 $ab + df = 0.655 \times 0.558 + 0.231 \times 0.380 = 0.453$

따라서 학생들의 학업성취도는 교사의 기대에 대한 직접적인 영향력보다는 간접적인 영향력이 더 크다고 할 수 있다. 경로모델의 분석결과를 "semPlot" 패키지를 이용하여 그래프로 나타내면 그림 S5.1과 같다.

```
library(semPlot)
x11()
semPaths(fitM,whatLabels = "std", style="Mx",label.cex=1.5,
        layout="spring",edge.label.cex=1.0,esize=1.5)
```

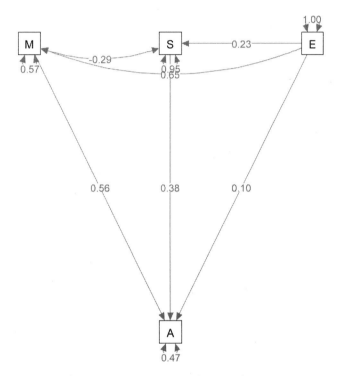

그림 S5.1 sem() 함수를 통해 추정된 경로모델(그림 E5.1)의 표준화 모수들.

5.2 개인의 능력과 가계의 수입이 개인의 성공 성취도에 미치는 영향을 그림 E5.2의 경로모델을 통해 분석하고자 한다.

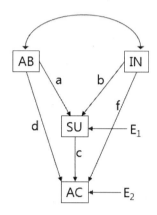

그림 E5.2 경로모델. AB: 개인의 능력, IN: 가계의 수입, SU: 개인의 성공열정, AC: 개인의 성공 성취도.

크기가 100인 표본집단의 조사하여 다음과 같은 공분산 자료를 얻었을 때, 경로계수 a, b, c, d, f를 추정해 보라.

	개인의 성공 성취도(AC)	가계의 수입(IN)	개인의 능력(AB)	개인의 성공열정(SU)
개인의 성공 성취도(AC)	26.5			
가계의 수입(IN)	21.5	37.9		
개인의 능력(AB)	23.5	25.2	41.7	
개인의 성공열정(SU)	16.5	14.6	14.5	16.8

풀이

관찰변수의 개수가 q일 때 이들 변수들의 공분산자료를 통해 제공되는 정보의 개수는 $q(q+1)/2$ 가 된다. 그림 E5.2의 경로모델에서 관찰변수의 개수는 4이므로 공분산자료로부터 얻어지는 정보의 개수는 10이 되며, 이 중에서 외생변수(AB, IN)의 분산/공분산 정보를 제외하면 7이 된다. 그림 E5.2의 경로모델에서 추정될 모수의 개수는 외생변수 AB, IN의 분산 및 이들의 공분산, 경로계수 a, b, c, d, f와 방해오차 E1, E2의 분산으로 모두 10개이지만 이중에서 외생변수의 분산/공분산은 직접계산하지 않고 공분산자료로부터 직접 가져오도록 lavaan의 sem() 함수에서는 디폴트로 설정되어 있다

(sem(…,fixed.x=TRUE)). 따라서 추정될 모수의 개수는 7개가 되며, 자유도는 0(=정보의 개수(7)-추정될 모수의 개수(7))이 된다. 다음의 R 코드를 이용하여 경로계수를 추정해 보자.

```
library(lavaan)
covMat = lav_matrix_lower2full(c(26.5,
                                 21.5,37.9,
                                 23.5,25.2,41.7,
                                 16.5,14.6,14.5,16.8))
colnames(covMat) <- rownames(covMat) <- c("AC","IN","AB","SU")
covMat
PathModel <- '
SU ~ a*AB + b*IN
AC ~ c*SU + d*AB + f*IN
'
fitM=sem(PathModel,sample.cov=covMat,sample.nobs=300)
summary(fitM,standardized=TRUE)


lavaan 0.6-3 ended normally after 17 iterations

  Optimization method                           NLMINB
  Number of free parameters                          7  # 추정된 모수의 개수


  Number of observations                           100 # 표본의 크기


  Estimator                                         ML
  Model Fit Test Statistic                       0.000 # 카이제곱 값
  Degrees of freedom                                 0 # 자유도
  Minimum Function Value            0.0000000000000

Parameter Estimates:


  Information                                 Expected
  Information saturated (h1) model          Structured
  Standard Errors                             Standard


Regressions:
                   Estimate  Std.Err  z-value  P(>|z|)   Std.lv  Std.all
```

```
SU ~
    AB      (a)    0.192    0.064    2.996    0.003    0.192    0.303
    IN      (b)    0.257    0.067    3.828    0.000    0.257    0.387
AC ~
    SU      (c)    0.629    0.082    7.694    0.000    0.629    0.501
    AB      (d)    0.248    0.055    4.536    0.000    0.248    0.311
    IN      (f)    0.160    0.059    2.718    0.007    0.160    0.191

Variances:
                 Estimate  Std.Err  z-value  P(>|z|)   Std.lv   Std.all
    .SU          10.152    1.436    7.071    0.000    10.152    0.610
    .AC           6.783    0.959    7.071    0.000     6.783    0.259
```

위의 결과에서 표준화 경로계수(Std.all 부분)는 다음과 같다.

$$a = 0.303, b = 0.387, c = 0.501, d = 0.311, f = 0.191$$

경로계수 값들을 비교해 볼 때 성공 성취도는 개인의 성공에 대한 열정에 가장 큰 영향을 받는 것으로 해석될 수 있다. 성공열정은 개인의 능력과 가계 수입에 의해 영향을 받지만 이들 두 변수에 의해 설명될 수 있는 것은 성공열정의 39%에 그친다. 분석결과를 "semPlot" 패키지를 이용하여 그래프로 나타내면 그림 S5.2과 같다.

```
library(semPlot)
x11()
semPaths(fitM,whatLabels = "std", style="Mx",label.cex=1.5,
        layout="tree3",edge.label.cex=1.0,esize=1.5)
```

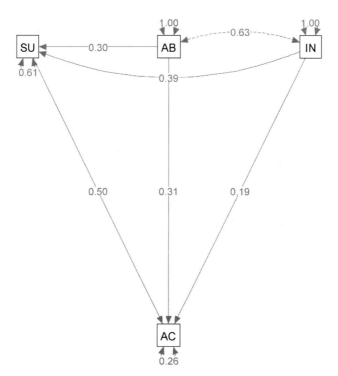

그림 S5.2 sem() 함수를 추정된 경로모델(그림 E5.2)의 표준화 모수들.

측정모델

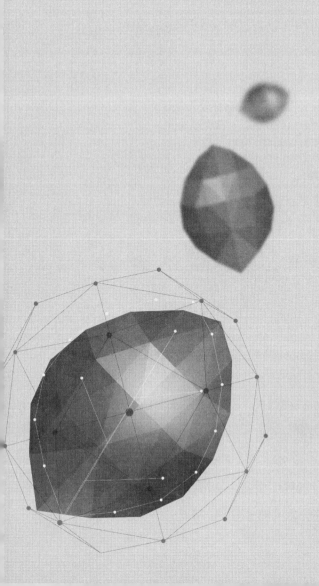

측정모델은 잠재변수를 포함한다는 점에서 관찰변수로만 구성된 경로모델과는 다르다. 잠재변수는 직접 측정할 수 없는 변수로서 관측변수들에 의해 간접적으로 측정되는 구성개념(construct), 요인(factor) 등을 나타내는 변수라고 할 수 있다. 측정모델은 측정변수와 잠재변수의 인과관계에 따라 그림 6.1에 보는 바와 같이 형성적 측정모델(formative measurement model)과 반영적 측정모델(reflective measurement model)로 분류될 수 있다. 그림 6.1의 A는 잠재변수인 고객 만족도가 측정변수인 제품의 성능, 가격, 디자인의 결과로서 해석될 수 있으므로 형성적 측정모델이라고 부른다. 반면에 그림 6.1의 B는 잠재변수인 사회의 형평성이 상대빈곤율, 아동빈곤율, 성별임금격차와 같이 관찰 가능한 모습으로 반영된 것으로 보기 때문에 반영적 측정모델이라고 부른다. 즉, 잠재변수가 측정변수의 결과로 해석된다면 형성적 모델이 되고 잠재변수가 측정변수의 원인이 된다면 반영적 모델이 된다.

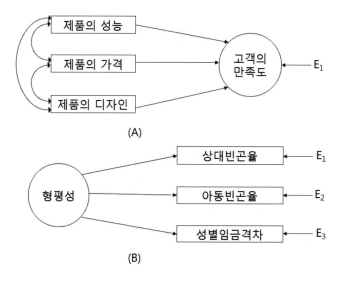

그림 6.1 두 종류의 측정모델. (A) 형성적 측정모델. (B) 반영적 측정모델.

형성적 측정모델과 반영적 측정모델에서 측정변수와 잠재변수 사이의 인과적 방향성이 서로 반대인 점 외에도 몇 가지 차이점이 있다. 첫째로 형성적 측정모델에서 원인이 되는 측정변수들 사이는 대개 서로 상관이 있는 것으로 설정되지만 이는 모델설정의 조건이 아니며 측정변수들 사이에 아무런 상관이 없을 수도 있다. 둘째로 반영적 측정모델에서는 측정변수의 오차가 고려되지만 형성적 모델에서는 잠재변수 수준에서의 측정오차가 고려된다. 따라서 형성적 모델에서 잠재변수의 분산은 선택된 측정변수들의 선형 조합으로 설명된 분산과 오차분산으로 이루어지는 것으로 설정된다. 측정모델에서 측정 변수를 지표변수(indicator variable)라고 부르기도 한다.

6.1 측정모델의 모수 추정가능성 확인

측정변수에 대한 자료로부터 측정변수와 잠재변수 사이의 영향관계를 기술하는 측정 모델의 모수들이 이론적으로 추정가능한지를 확인하는 것은 모델선정에 중요한 단계이 다. 다음과 같이 1개의 잠재변수(Y)와 3개의 측정변수(X_1, X_2, X_3)로 구성된 반영적 측 정모델을 고려해 보자.

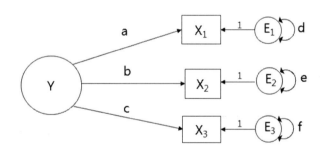

그림 6.1 한 개의 잠재변수가 세 개의 측정변수에 의해 측정되는 반영적 측정모델 예.

그림 6.1의 측정모델에서 추정되어야 할 모수의 개수는 총 6개(인자적재치 a, b, c, 측 정오차의 분산 d, e, f)임을 알 수 있다. 잠재변수 Y의 경우 직접 측정한 값이 아니라 측 정변수를 통해 만들어지는 변수이므로 척도가 없다. 따라서 잠재변수의 분산에 임의의 값을 부여해야지만 잠재변수가 측정변수들과 주고받는 영향의 정도나 상관의 정도를 추 정할 수 있게 된다. 여기서는 잠재변수 Y의 분산은 1로 고정된다고 가정한다. 그림 6.1 의 측정모델에서 모수가 추정되기 위해서는 자료를 통해 제공되는 정보의 수가 적어도 6 보다 크거나 같아야 한다. 측정변수가 3개이므로 이들의 공분산 자료로부터 얻을 수 있 는 정보의 수는 표 6.1과 같이 각 측정변수의 분산 3개와 측정변수 사이의 공분산 3개를 합하여 모두 6개가 된다. 따라서 그림 6.1의 측정모델은 모수추정가능을 위한 필요조건

을 만족한다. 모수의 수가 정보의 개수보다 더 많다면 모수는 계산될 수 없다. 잠재변수가 한 개로 구성된 반영적 측정모델의 경우 모수 추정을 위해서는 최소한 세 개의 측정변수가 필요함을 알 수 있다.

표 6.1 반영적 측정모델(그림 6.1)의 세 관찰변수 사이의 공분산.

	X₁	X₂	X₃
X₁	σ^2_{11}		
X₂	σ^2_{12}	σ^2_{22}	
X₃	σ^2_{13}	σ^2_{23}	σ^2_{33}

자료로부터 주어지는 정보의 수는 측정변수의 개수가 알려지면 다음과 같이 계산될 수 있다.

$$정보의 수 = \frac{p(p+1)}{2}$$

p : 모델에서 측정변수의 개수

측정변수의 자료로부터 얻어지는 정보의 개수에서 모델에서 추정되어야 할 모수의 개수를 뺀 값을 모델의 자유도(degree of freedom, df_M)라고 한다. 자유도의 부호에 따라 모델을 다음과 같이 분류하기도 한다[4].

간명모델(overidentified model): $df_M > 0$ (정보의 개수 〉 추정될 모수의 개수)
포화모델(saturated model): $df_M = 0$ (정보의 개수 = 추정될 모수의 개수)
부정모델(underidentified model): $df_M < 0$ (정보의 개수 〈 추정될 모수의 개수)

추정될 모수의 개수가 정보의 수보다 작거나 같을 경우, 즉 $df_M \geq 0$ 일 때만 모수가 추정될 수 있는 가능성을 가지게 된다. 잠재변수에 대한 측정변수의 개수가 동일하다고

---

4 문수백, 구조방정식모델링의 이해와 적용. ((주)학지사, 2001), p. 234.

할지라도 모델의 구조에 따라 자유도는 달라질 수 있다. 그림 6.2는 두 개의 잠재변수와 네 개의 측정변수로 구성된 두 모델을 나타내고 있으며 잠재변수 Y_1과 Y_2의 분산은 척도부여를 위해 1로 고정되었다. 측정모델 A의 경우, 측정변수가 모두 4 개이므로 이들의 공분산 자료부터 얻어지는 정보의 개수는 $4 \times 5/2 = 10$이 되며 추정될 모수의 수는 총 9 개(인자적재치 a, b, c, d, 공분산 e, 측정오차 E_1, E_2, E_3, E_4의 분산)이므로 자유도는 $1(= 10 - 9)$이 된다. 반면에 측정모델 B의 경우는 측정변수 X_1과 X_2, X_3와 X_4로부터 얻어지는 정보의 개수는 각각 $3 (= 2 \times 3/2)$이므로 총 정보의 개수는 6이지만 추정될 모수의 수는 총 8 개(인자적채치 a, b, c, d, 측정오차 E_1, E_2, E_3, E_4의 분산)이므로 자유도는 $-2(= 6 - 8)$가 되어 모수의 추정이 불가능하게 된다.

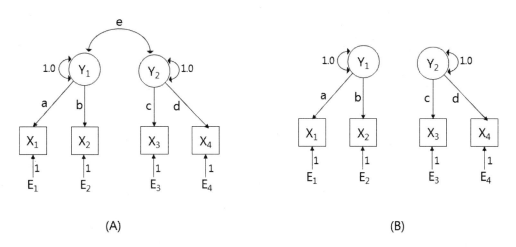

(A)   (B)

그림 6.2 두 잠재변수의 상관관계 유무에 따라 자유도가 달라지는 측정모델의 예. A의 경우는 자유도가 1로서 간명모델이 되며 B의 경우는 자유도가 -2로서 부정모델이 됨.

모델의 모든 모수가 실제로 추정되는 것은 아니며 변수 사이의 관계에 따라 어떤 모수의 값은 고정된 값으로 설정되기도 하며 하나의 모수가 계산되면 자동적으로 다른 모수가 계산되도록 제약조건을 설정할 수도 있다. 이러한 제약조건들은 추정될 모수의 개수를 줄임으로써 모델의 자유도를 증가시키는 역할을 한다.

6.2　잠재변수의 척도부여법

　　잠재변수 모델에서 잠재변수는 직접 관측된 변수가 아니라 측정변수를 통해 수학적으로 계산되어지는 변수이므로 척도가 없다. 잠재변수가 모델 속의 다른 변수와 주고받는 영향의 정도나 상관의 정도를 추정하기 위해서는 잠재변수에 척도가 부여되어야 한다. 잠재변수에 척도를 부여하는 방법에는 단위분산 고정법(unit variance identification, UVI)과 단위적재치 고정법(Unit loading identification, ULI)이 있다. 단위분산 고정법은 잠재변수를 모두 Z 점수 스케일로 표준화시킴으로 분산값을 1로 고정하는 방법이다. 잠재변수에 척도부여를 위해 임의의 분산값을 부여할 수 있지만 1로 설정하면 간단하면서도 동시에 잠재변수의 표준화도 이루어지게 된다. 그림 6.3과 같이 잠재변수 Y_1, Y_2 의 분산을 모두 1.0으로 고정시키면 잠재변수에 기여한 각 지표변인에 대한 인자적재치(factor loading)인 a, b, c, d, e, f 를 비율적으로 계산할 수 있다.

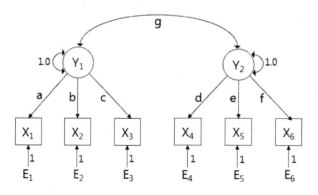

그림 6.3 잠재변수 척도부여를 위한 단위분산 고정법(잠재변수의 분산을 1로 고정함).

　　잠재변수에 척도를 부여하는 또 다른 방법인 단위적채치 고정법은 가장 흔히 사용되고 있으며 측정변수들 중 가장 신뢰도가 높은 측정변수에 대한 인자적재치를 1로 고정시키는 방법이다. 이 때 선택된 지표변인을 기준변수(reference variable)라고 한다. 측정모델의 분석을 위해 R의 lavaan 패키지를 사용할 경우 디폴트로 첫 번째 측정변수를 기준변수로 선택하여 인자적재치를 1로 고정한다. 그림 6.4에서는 기준변수로 X_1, X_4 가 선택된 경우이며 이들의 인자적재치가 1로 고정되어 있음을 알 수 있다. 기준변수 X_1 의 인자적재치가 1로 고정되면 잠재변수 Y_1의 분산 가운데 나머지 측정변수 X_2와 X_3 에 의해 설명되는 분산의 비율이 기준변수 X_1의 대해 상대적인 비율로 계산됨으로써 결국 잠재변수 Y_1의 분산을 계산할 수 있게 된다. 같은 원리로 잠재변수 Y_2의 분산도 기준변수 X_4의 인자적재치를 1로 고정함으로 얻어질 수 있다. 측정오차$(E_1,...,E_6)$의 분산은 각 측정변수가 관련 잠재변수의 분산을 설명한 후의 잔여분산이며 측정오차와 측정변수의 척도는 동일하다. 따라서 측정오차가 측정변수에 미치는 직접효과의 정도를 나타내는 경로계수는 모두 1로 고정된다. 잠재변수에 척도를 부여하는 방법에 따라 추정되는 모수의 값은 달라지겠지만 공분산 자료에 대한 측정모델의 적합도가 달라져서는 안 된다.

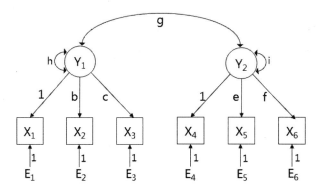

그림 6.4 잠재변수 척도부여를 위한 단위적재치 고정법(기준변수의 적재치를 1로 고정함).

6.3   확인적 요인분석

확인적 요인분석(confirmatory factor analysis, CFA)는 측정변수를 통해 잠재변수를 외현화 시킬 때 측정변수와 잠재변수 사이의 관계를 검증하는 방법이다. 즉, 잠재변수와 측정변수 사이의 인과적 관계모델(반영적 측정모델)을 통해 측정변수들 사이의 공분산을 적절히 설명할 수 있는지를 통계적으로 분석하는 방법이 확인적 요인분석이다. 반면에 측정변수와 잠재변수 사이에 특별한 가정이 없는 상태에서 자료로부터 측정변수와 잠재변수 사이의 관계를 탐색하는 경우를 탐색적 요인분석(exploratory factor analysis, EFA)라고 부른다. 탐색적 요인분석은 적절한 잠재변수의 개수를 찾아내고 각 잠재변수와 연관성이 높은 관측변수를 선별해 볼 수 있다. 여기서는 확인적 요인분석을 중심으로 살펴보도록 한다.

확인적 요인분석에서는 사전에 요인(잠재변수)과 측정변수 사이의 관계를 설정하게 되는데, 먼저 측정변수는 타당성과 신뢰성을 가져야 한다. 타당성은 측정변수의 내용이 적합한지를 평가하는 것으로 내용타당성, 기준타당성, 개념타당성 등으로 나누어 볼 수 있다. 내용타당성은 잠재변수의 개념 혹은 요인이 측정변수를 통해 있는 그대로 온전히 측정되는지를 평가하는 정성적 유형의 타당성으로서 주관적 판단에 의존할 수 있으므로 전문가의 자문을 거쳐 판단하는 것이 바람직하다. 기준타당성은 기준변수와 다른 관측변수와의 대응정도에 관한 것으로 주로 상관으로 측정된다. 그림 6.5의 측정모델을 통해 기준타당성의 개념을 살펴보자.

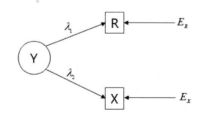

그림 6.5 기준 측정변수를 R을 포함한 측정모델.

위의 측정모델에서 잠재변수 Y는 두 측정변수는 R과 X에 의해 측정되며 다음의 관계가 성립한다.

$$R = \lambda_1 Y + E_Y, X = \lambda_2 Y + E_X$$

$$COV(R,X) = COV(\lambda_1 Y + E_Y, \lambda_2 Y + E_X) = \lambda_1 \lambda_2 VAR(Y)$$

즉, 측정변수 R과 X 사이의 공분산은 측정변수의 인자적재치에 잠재변수 Y의 분산($VAR(Y)$)을 곱한 것과 같다. 따라서 측정변수 R과 X 사이의 상관계수 ρ_{RX}는

$$\rho_{RX} = \frac{\lambda_1 \lambda_2 VAR(Y)}{\sqrt{VAR(R)}\sqrt{VAR(X)}} \tag{6.1}$$

이 된다. 여기에서 모든 변수 R, X, Y의 분산을 1로 표준화시키면 $\rho_{RX} = \lambda_1 \lambda_2$이 되며, λ_1은 R과 Y의 사이의 상관계수, λ_2는 X과 Y의 상관계수가 된다. 따라서 λ_1이 고정된다고 할지라도 λ_2가 변하면 ρ_{RX}도 바뀌게 된다. 다시 말하면 측정변수 R과 잠재변수 Y의 연합정도가 변하지 않더라도 다른 측정변수 X와 잠재변수 Y와의 상관관계가 바뀌게 되면 측정변수 R과 X의 상관계수는 영향을 받게 된다. 이 때 측정변수 X를 기준변수라고 하면 기준변수 X와 잠재변수 Y의 관계에 따라 기준변수와 다른 측정변수의 상관에 대한 타당성이 달라진다고 할 수 있다. 따라서 측정변수와 기준변수 사이의 상관관계가 기준타당성이라고 할 수 있으며, 기준변수와 측정변수가 같은 시점에서 측정된다면 공인타당도라고 하고 기준변수가 미래시점에서 측정된다면 예측타당도라고 한다.

일반적으로 내용타당성은 개념을 정확하게 측정하기가 쉽지 않으며, 기준타당성의 경우 명확한 기준변수를 설정하기가 어렵다. 이러한 문제를 해결하기 위해 내용과 기준을 비교적 명확하게 하는 방법으로 정의되는 것이 개념타당성이다. 즉, 개념타당성은 논리적이고 이론적인 배경하에서 측정하고자 하는 개념이 정확하게 측정되었는지를 평가한다. 하나의 요인(잠재변수)에 포함된 측정변수와 다른 요인의 어떤 측정변수 사이의 관계가 이론적으로 규정된 관계와 일치한다면 개념타당도가 있다고 평가한다. 요인 사이의 이론적 관계가 설정된 후, 각 요인의 측정변수 사이의 연합정도를 계산하고 이를 바탕으로 측정변수 및 요인 사이의 이론적 관계에 대한 집중타당성, 판별타당성, 이해타당성을 평가함으로써 개념타당성을 검증한다. 이제까지 언급한 타당성의 종류 및 상호관련성을 정리하면 그림 6.6과 같이 나타낼 수 있다.

개념타당성을 검증하기 위해 사용되는 세 가지 타당성, 즉 집중타당성, 판별타당성, 이해타당성을 측정하는 방법에 대해 잠깐 살펴보자. 수렴타당성이라고도 부르는 집중타

당성은 하나의 특성을 다른 방법으로 측정해도 유사한 결과를 얻는 정도를 나타내며 개념신뢰도(Construct Reliability, CR), 평균분산추출(Average Variance Extracted, AVE) 등을 사용하여 평가한다.

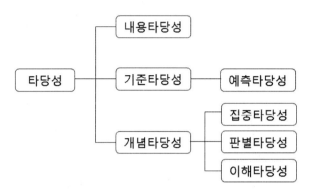

그림 6.6 타당성의 종류.

개념신뢰도는 잠재변수에 대한 신뢰도로서 측정변수의 내적 일관성을 평가하는 지표로서 다음과 같이 정의된다.

$$CR = \frac{\left(\sum_{i=1}^{k} \lambda_{y_i}\right)^2}{\left(\sum_{i=1}^{k} \lambda_{y_i}\right)^2 + \sum_{k=1}^{k} Var(\epsilon_i)} = \frac{(\Sigma\text{표준화 인자 적재치})^2}{(\Sigma\text{표준화 인자 적재치})^2 + \Sigma(\text{측정오차})} \quad (6.2)$$

개념신뢰도(CR), 즉 잠재변수에 대한 신뢰도는 최소한 0.7 이상이어야 내적 일관성이 있다고 평가할 수 있다. 평균분산추출(AVE)는 잠재변수에 대해 측정변수가 설명할 수 있는 크기를 나타내며 다음과 같이 정의되며 최소한 0.5 이상이 되어야 신뢰도가 있다고 평가한다.

$$AVE = \frac{\left(\sum_{i=1}^{k} \lambda_{y_i}^2\right)}{\left(\sum_{i=1}^{k} \lambda_{y_i}^2\right) + \sum_{i=1}^{k} Var(\epsilon_i)} = \frac{\Sigma(\text{표준화된 인자 적재치}^2)}{\Sigma(\text{표준화된 인자 적재치}^2) + \Sigma(\text{측정오차})} \quad (6.3)$$

CR과 AVE와 비슷한 맥락에서 잠재변수가 설명하는 측정변수 사이의 내적 일관성을 평가하는 데 자주 사용되는 통계치로 크론바흐 알파(Cronbach Alpha)가 있으며 측정변수의 개수가 k, 측정변수 사이의 (Pearson) 상관관계 계수의 평균이 $\bar{r}$일 때 다음과 같이 계산된다.

$$Cronbach\ \alpha = \frac{k \times \bar{r}}{1 + (1-k) \times \bar{r}} \tag{6.4}$$

일반적으로 크론바흐 알파의 값이 0.7 이상이면 측정변수 사이에 어느 정도 일관성이 있다고 하며 0.8 이상이면 일관성이 좋다고 하며 0.6 이하이면 일관성이 없다고 판단한다.

판별타당성은 서로 다른 개념 혹은 잠재변수는 경험적으로 구분되어야 함을 나타내는 것으로 같은 도구를 사용하여 서로 다른 잠재변수를 측정하면 상이한 결과 혹은 낮은 상관있을 때 판별타당성이 높다고 평가한다. 판별타당성을 평가하기 위한 여러 가지 방법들이 있으며 Fornell과 Larcker(1981)[5]는 평균분산추출(AVE)과 결정계수를 이용하는 방법을 제시하였다. 즉, 잠재변수의 평균분산추출(AVE)가 잠재변수 사이의 상관계수의 제곱(결정계수)보다 크다면 완전 판별타당성이 있다고 평가하고, 만약 상관계수의 제곱이 AVE보다 큰 부분이 있다면 부분 판별타당성을 있다고 평가한다. 마지막으로 이해타당성은 특정 잠재변수와 또 다른 특정 잠재변수 사이의 이론적인 연결이 통계적으로 설명할 수 있는지를 평가하는 것으로서 잠재변수 사이의 상관행렬을 통해 상관정도 및 방향성을 추정한다.

---

5 Fornell, C., Larcker, D.F. (1981) Evaluating Structural Equations Models with Unobservable Variables and Measurement Error. Journal of Marketing Research, 18, 39-50.

6.4   R을 이용한 확인적 요인분석

확인적 요인분석을 위해 R의 lavaan 패키지에 있는 cfa() 함수를 이용하는 방법에 대해 살펴보도록 하자. 먼저 그림 6.4의 측정모델을 lavaan에서 정의해 보면 다음과 같다.

```
cfaM1 <- '
Y1 =~ X1 + b*X2 + c*X3
Y2 =~ X4 + c*X5 + f*X6

Y1 ~~ h*Y1; Y2 ~~ i*Y2
Y1 ~~ g*Y2
'
```

위의 cfaM1 모델은 모수에 대한 라벨이 붙어 있는 것을 제외하고는 아래의 cfaM2 모델과 실질적으로 동일하다. 즉, lavaan에서 cfa() 함수는 디폴트로 첫 번째 측정변수에 대한 인자적재치를 1로 설정해 준다. 또한, 외생변수의 분산/공분산은 별도로 지정해 주지 않아도 자동적으로 계산해 준다.

```
cfaM2 <- '
Y1 =~ X1 + X2 + X3
Y2 =~ X4 + X5 + X6
'
```

cfa() 함수의 디폴트 옵션은 다음과 같다.

```
int.ov.free = TRUE, int.lv.free = FALSE, auto.fix.first = TRUE (unless std.lv =
TRUE), auto.fix.single = TRUE, auto.var = TRUE, auto.cov.lv.x = TRUE, auto.th =
TRUE, auto.delta = TRUE, and auto.cov.y = TRUE
```

위에서 "auto.fix.first=TRUE"는 잠재변수의 척도부여를 위해 첫 번째 관찰변수의 인자적재치를 1로 설정한다는 의미이다. 척도부여를 위한 다른 방법으로 잠재변수의 분산을 1로 설정하고 싶다면 "std.lv=TRUE" 옵션을 선택해 주면 된다. "auto.var = TRUE"는 외생잠재변수의 분산/공분산과 내생변수의 오차에 대한 분산을 추정할 모수에 포함시키라는 의미이다. "auto.cov.lv.x=TRUE"와 "auto.cov.lv.y=TRUE"은 각각 외생잠재변수와 내생잠재변수의 공분산을 추정할 모수에 포함시키라는 의미이다. 이러한 cfa() 함수의 디폴트 옵션 때문에 모델 정의를 쉽고 간략하게 나타낼 수 있다.

이제 측정변수 $X_1, X_2, \ldots, X_6$의 공분산자료가 표 6.2와 같을 때 그림 6.4의 모델을 cfa() 함수를 이용하여 분석해 보면 다음과 같다.

표 6.2 측정변수 사이의 공분산(표본의 크기(n)=300).

	X_1	X_2	X_3	X_4	X_5	X_6
X_1	1.51					
X_2	0.66	1.65				
X_3	0.79	0.84	1.56			
X_4	0.39	0.46	0.45	1.64		
X_5	0.32	0.42	0.40	0.83	1.69	
X_6	0.40	0.52	0.53	0.94	0.81	1.51

```
library(lavaan) # cfa() 함수 사용을 위한 패키지 로딩
cov.dat = lav_matrix_lower2full(c(1.51,
                        0.66,1.65,
                        0.79,0.84,1.56,
                        0.39,0.46,0.45,1.64,
                        0.32,0.42,0.40,0.83,1.69,
                        0.40,0.52,0.53,0.94,0.81,1.51))
colnames(cov.dat) <- rownames(cov.dat) <- c("X1","X2","X3","X4","X5","X6")
cov.dat # 공분산 행렬
    X1   X2   X3   X4   X5   X6
X1 1.51 0.66 0.79 0.39 0.32 0.40
X2 0.66 1.65 0.84 0.46 0.42 0.52
X3 0.79 0.84 1.56 0.45 0.40 0.53
X4 0.39 0.46 0.45 1.64 0.83 0.94
X5 0.32 0.42 0.40 0.83 1.69 0.81
```

```
X6 0.40 0.52 0.53 0.94 0.81 1.51
```

```
cfaM <- '  # 그림 6.4의 측정모델
Y1 =~ X1 + b*X2 + c*X3
Y2 =~ X4 + e*X5 + f*X6
Y1 ~~ h*Y1; Y2 ~~ i*Y2
Y1 ~~ g*Y2
'
cfaM.fit = cfa(cfaM,sample.cov=cov.dat,sample.nobs=300)
summary(cfaM.fit,fit.measures=TRUE,standardized=TRUE)
```

```
lavaan 0.6-2 ended normally after 30 iterations

  Optimization method                        NLMINB
  Number of free parameters                      13

  Number of observations                        300

  Estimator                                      ML
  Model Fit Test Statistic                    3.047
  Degrees of freedom                              8
  P-value (Chi-square)                        0.931

Model test baseline model:

  Minimum Function Test Statistic           505.993
  Degrees of freedom                             15
  P-value                                     0.000

User model versus baseline model:

  Comparative Fit Index (CFI)                 1.000
  Tucker-Lewis Index (TLI)                    1.019

Loglikelihood and Information Criteria:

  Loglikelihood user model (H0)           -2717.977
  Loglikelihood unrestricted model (H1)   -2716.453

  Number of free parameters                      13
```

```
  Akaike (AIC)                              5461.954
  Bayesian (BIC)                            5510.104
  Sample-size adjusted Bayesian (BIC)       5468.875
```

Root Mean Square Error of Approximation:

```
  RMSEA                                        0.000
  90 Percent Confidence Interval      0.000    0.019
  P-value RMSEA <= 0.05                        0.992
```

Standardized Root Mean Square Residual:

```
  SRMR                                         0.016
```

Parameter Estimates:

```
  Information                            Expected
  Information saturated (h1) model       Structured
  Standard Errors                        Standard
```

Latent Variables:

		Estimate	Std.Err	z-value	P(>|z|)	Std.lv	Std.all
Y1 =~							
X1		1.000				0.787	0.641
X2	(b)	1.094	0.127	8.609	0.000	0.861	0.671
X3	(c)	1.244	0.141	8.845	0.000	0.979	0.785
Y2 =~							
X4		1.000				0.961	0.752
X5	(e)	0.871	0.090	9.639	0.000	0.837	0.645
X6	(f)	1.018	0.097	10.545	0.000	0.978	0.797

Covariances:

		Estimate	Std.Err	z-value	P(>|z|)	Std.lv	Std.all
Y1 ~~							
Y2	(g)	0.402	0.072	5.561	0.000	0.532	0.532

Variances:

		Estimate	Std.Err	z-value	P(>|z|)	Std.lv	Std.all
Y1	(h)	0.619	0.116	5.355	0.000	1.000	1.000

Y2	(i)	0.924	0.140	6.608	0.000	1.000	1.000
.X1		0.886	0.093	9.479	0.000	0.886	0.589
.X2		0.904	0.101	8.932	0.000	0.904	0.550
.X3		0.596	0.098	6.056	0.000	0.596	0.384
.X4		0.711	0.092	7.722	0.000	0.711	0.435
.X5		0.983	0.099	9.933	0.000	0.983	0.584
.X6		0.548	0.086	6.404	0.000	0.548	0.364

위의 코드에서 cfa 함수에 의해 반환된 분석결과는 cfaM.fit라는 객체에 저장되었으며, summary(cfaM.fit,fit.measures=TRUE,standardized=TRUE)는 cfaM.fit을 내용을 표시할 때 'fit.measures=TRUE'는 모델적합도 결과를, 'fit.measures=TRUE'는 표준화 모수를 함께 나타내라는 의미이다. 먼저 모델적합도 결과 부분을 하나씩 살펴보도록 하자.

■ Optimization method NLMINB

최적화함수로 nlminb를 사용함

■ Number of free parameters   13

그림 6.4의 측정모델에서 추정되어야 모수의 개수(인자적재치 (b, c, e, f), 잠재변수의 분산 (h, i), 잠재변수 사이의 공분산 (g), 측정오차 $(E_1, E_2, E_3, E_4, E_5, E_6)$의 분산)

■ Number of observations   300

표본의 크기

■ Estimator   ML

모수를 추정하기 위해 최대우도법(Maximum Likelihood, ML)을 이용

```
Model Fit Test Statistic      3.047    (χ²₈ = 3.047 )
Degrees of freedom               8     (자유도)
P-value (Chi-square)          0.931
```
(여기서 $\chi^2_8 = 3.047$)

위에서 자유도는 공분산 자료로부터 주어지는 정보의 수 $21(= 6 \times 7/2)$에서 추정되어야 할 모수의 수 13을 뺌으로 8이 된다. 모델에서 추정된 공분산을 Σ로, 표 6.2에서 주

어진 공분산 S라고 하면 귀무가설 H_0와 대립가설 H_1은 각각 $H_0 : \sum = S$, $H_1 :$ $\sum \neq S$와 같이 나타낼 수 있다. 귀무가설을 기각하는 유의수준 α를 0.05라고 하면 카이제곱 테스트에서 $p = 0.931 > 0.05$이므로 귀무가설을 기각할 수 없음을 보여준다. 즉, 그림 6.4의 측정모델은 표 6.2의 공분산 자료에 적합하다고 할 수 있다.

■ Model test baseline model

어떠한 잠재변수도 추정하지 않고 측정변수의 분산만을 추정하는 기본모델에 대한 카이제곱 테스트(Chi-square test)를 실시하여 다음의 결과를 얻음.

```
Minimum Function Test Statistic          505.993 (χ²₁₅ = 505.993 )
Degrees of freedom                            15 (자유도)
P-value                                    0.000
```

기본모델에서 측정변수는 서로 독립적이며 공통인자는 존재하지 않는다고 가정하므로 추정되어야 할 모수는 각 측정변수에 대한 오차 분산 6개 $(E_1, E_2, \ldots, E_6)$이다. 따라서 공분산 자료로부터 얻어지는 정보의 수 21에서 추정될 모수의 수 6을 빼면 자유도는 15가 된다. 기본모델에 대한 카이제곱 테스터에서는 $p = 0.000 < 0.05$이므로 귀무가설이 기각된다. 즉, 기본모델은 공분산 자료를 잘 설명하지 못함을 나타낸다.

■ User model versus baseline model

사용자 모델(여기서는 그림 6.4)이 어떤 잠재변수도 고려하지 않은 기본모델(baseline model)에 비해 얼마나 공분산 자료를 잘 설명하는가를 적합도 지수로서 CFI와 TLI를 계산함.

```
Comparative Fit Index (CFI)              1.000
Tucker-Lewis Index (TLI)                 1.019
```

위에서 CFI와 TLI는 다음과 같이 계산 된다(제3장 참조).

$$\text{CFI} = 1 - \frac{\max(\chi^2_{\text{모델}} - df_{\text{모델}}, 0)}{\max(\chi^2_{\text{기본모델}} - df_{\text{기본모델}}, 0)} = 1 - \frac{\max(3.047 - 8, 0)}{\max(505.993 - 15, 0)} = 1$$

$$TLI = \frac{\chi^2_{기본모델}/df_{기본모델} - \chi^2_{모델}/df_{모델}}{\chi^2_{기본모델}/df_{기본모델} - 1} = \frac{505.993/15 - 3.047/8}{505.993/15 - 1} = 1.019$$

여기에서 아래첨자의 기본모델은 어떠한 잠재변수도 고려되지 않은 모델, 즉 어떠한 이론적 모형도 없는 적용되지 않은 모델을 나타내며, 모델은 이론적 모델(여기서는 그림 6.4의 측정모델)의 경우를 나타낸다. df는 이론적 모델의 자유도를 의미한다. CFI 와 TLI의 값은 모두 0.95보다 큰 경우 좋은 적합도를 보인다고 판단할 수 있다.

■ Loglikelihood and Information Criteria

정보이론(information theory)에 기반을 둔 모델적합도 지수로서 경쟁하는 모델 중에서 어느 모델이 보다 간명한 모델인지를 판별할 때 이용된다. 기본모델은 추정될 모수의 개수가 가장 적은 모델인 반면에 완전모델(unrestricted model, 모든 측정변수 사이의 관계를 고려하는 모델)은 추정되어야 모수가 가장 많다(측정변수가 6개일 때 완전모델의 경우 추정될 모수의 개수는 $6 \times 7/2 = 21$이 된다). 로그우도는 데이터를 통해 얻어지는 설명력의 최대치로 생각될 수 있으며 아래에서 보는 바와 같이 그림 6.4의 측정모델(H0, 모수의 개수 13)과 완전모델(H1, 모수의 개수 21)에 대한 로그우도의 값은 거의 차이가 없다. 즉, 그림 6.4의 측정모델은 더 적은 모수를 가지면서도 완전모델에 견줄만한 데이터에 대한 설명력을 가짐을 알 수 있다.

```
Loglikelihood user model (H0)            -2717.977
Loglikelihood unrestricted model (H1)    -2716.453
Number of free parameters                       13
Akaike (AIC)                              5461.954
Bayesian (BIC)                            5510.104
Sample-size adjusted Bayesian (BIC)       5468.875
```

위에서 아카이케 정보기준(Akaike Information Criterion, AIC)과 베이지안 정보기준(Bayesian Information Criterion, BIC)은 다음과 같이 계산된다.

$$AIC = 2k - 2\ln(L) \,, \quad BIC = k\ln(n) - 2\ln(L)$$

여기에서 k는 모델에서 추정되어야 하는 모수의 수를, L 최대우도를, n은 관측횟수 (표본의 크기)를 나타낸다. 최대우도가 클수록, 모델에서 추정되어야할 모수의 개수가 작을수록 AIC와 BIC는 작아짐을 알 수 있다. 즉, 모델에 대한 설명력이 높으면서 간명 하기 위해서는 AIC와 BIC는 작은 값을 가져야 함을 수 있다. AIC와 BIC는 두 개 이상 의 모델을 비교할 때 유용하며 여기서와 같이 모델이 하나인 경우 CFI나 TLI와 같이 독립적으로 해석되기 어려운 단점이 있다.

■ Root Mean Square Error of Approximation

평균제곱근 오차(RMSEA)

```
RMSEA                                    0.000
90 Percent Confidence Interval    0.000   0.019
P-value RMSEA <= 0.05                     0.992
```

표본의 크기를 n이라고 하면 근사오차평균제곱근(RMSEA)는 다음과 같이 계산된다.

$$\mathrm{RMSEA} = \sqrt{\max\left(\frac{\chi^2_{\text{모델}} - df_{\text{모델}}}{df_{\text{모델}}(n-1)}, 0\right)}$$

따라서 표본의 크기가 커지면 RMSEA의 값은 줄어들게 된다. RMSEA의 값이 0.05보다 작다면 좋은 모델로, 0.08보다 큰 경우는 좋은 않은 모델로 판단한다.

■ Standardized Root Mean Square Residual

관측된 상관계수와 모델에 의해 예측된 상관계수의 차이를 정량화한 모델적합도 통계 치(SRMSR)

```
SRMR                                    0.016
```

SRMR은 다음과 같이 계산된다.

$$\mathrm{SRMR} = \frac{\sum\left(r_{i,j}\big|_{\text{관측}} - r_{i,j}\big|_{\text{예측}}\right)^2}{p(p+1)/2}$$

여기에서 $r_{i,j}$는 측정변수 i,j의 상관계수를 나타내며, p는 측정변수의 개수를 나타낸다. SRMR의 값이 0.05보다 작다면 모델적합도가 좋다고 판단된다.

이제까지 모델적합도 부분의 결과를 살펴보았으며, 모델 적합도를 상세히 살펴보지 않아도 되는 경우에는 다음과 같이 fit.measures=FALSE로 설정하거나 생략하면 된다.

```
summary(cfaM.fit,fit.measures=FALSE,standardized=TRUE)
summary(cfaM.fit,standardized=TRUE)
```

모델 적합도 결과 뒷부분부터는 추정된 모수의 값들을 보여주고 있다. 먼저 잠재변수에 대한 부분을 살펴보도록 하자.

```
Latent Variables:
                 Estimate  Std.Err  z-value  P(>|z|)   Std.lv   Std.all
  Y1 =~
    X1             1.000                                 0.787    0.641
    X2      (b)    1.094    0.127    8.609    0.000      0.861    0.671
    X3      (c)    1.244    0.141    8.845    0.000      0.979    0.785
  Y2 =~
    X4             1.000                                 0.961    0.752
    X5      (e)    0.871    0.090    9.639    0.000      0.837    0.645
    X6      (f)    1.018    0.097    10.545   0.000      0.978    0.797
```

인자적재치 b, c, d, f의 추정값은 Estimate 부분에 나와 있으며, 이들의 의미하는 바는 다음과 같다.

- 측정변수 X_1을 기준으로 할 때 잠재변수 Y_1이 1 단위로 증가하면 측정변수 X_2와 X_3는 각각 1.094, 1.244 단위로 증가하며 이는 통계적으로 유의하다 ($p < 0.05$)
- 모든 변수를 표준화시켰을 경우, 잠재변수 Y_1이 1 단위로 증가하면 측정변수 X_1, X_2, X_3는 각각 0.641, 0.671, 0.785 단위로 증가하며 이는 통계적으로 유의하다 ($p < 0.05$)

인자적재치에 대한 해석에 있어서 모든 변수를 표준화시킨 결과(Std.all)가 표준화시키지 않은 경우(Estimate)보다 해석이 용이함을 알 수 있다. Std.lv는 잠재변수들만 표준화시켰을 경우를 나타낸다. 잠재변수 사이의 공분산에 대한 결과는 다음과 같이 나타났다.

```
Covariances:
                Estimate  Std.Err  z-value  P(>|z|)   Std.lv  Std.all
  Y1 ~~
    Y2      (g)   0.402    0.072    5.561    0.000    0.532    0.532
```

외생잠재변수 Y1과 Y2 사이의 공분산은 0.42이며 잠재변수를 표준화시키면 공분산은 상관계수가 되며 0.532임을 알 수 있다. 마지막으로 각 변수의 분산부분을 살펴보자.

```
Variances:
                Estimate  Std.Err  z-value  P(>|z|)   Std.lv  Std.all
    Y1      (h)   0.619    0.116    5.355    0.000    1.000    1.000
    Y2      (i)   0.924    0.140    6.608    0.000    1.000    1.000
   .X1           0.886    0.093    9.479    0.000    0.886    0.589
   .X2           0.904    0.101    8.932    0.000    0.904    0.550
   .X3           0.596    0.098    6.056    0.000    0.596    0.384
   .X4           0.711    0.092    7.722    0.000    0.711    0.435
   .X5           0.983    0.099    9.933    0.000    0.983    0.584
   .X6           0.548    0.086    6.404    0.000    0.548    0.364
```

위에서 모든 변수가 표준화된 경우(Std.all) 모든 변수의 분산은 1이 된다. 내생변수의 오차에 대한 분산은 내생변수 앞에 "."를 붙여 ".X1"와 같은 형태로 나타나 있다. 측정변수 X_1의 표준화 오차분산이 0.589라는 의미는 X_1의 총 분산 중 58.9%는 잠재변수 Y_1에 의해 설명되지 않음을 나타낸다. 즉, 잠재변수 Y_1은 측정변수 X_1의 총 분산 중 41.1%만을 설명할 수 있음을 의미한다.

cfa() 함수로 통해 분석된 결과를 이용하면 잠재변수에 대한 신뢰도를 계산할 수 있다. 여기서는 "semTools" 패키지의 reliability() 함수를 이용하여 신뢰도를 계산해 보자.

```
library(semTools)
reliability(cfaM.fit)
              Y1          Y2       total
alpha   0.7387097   0.7740000   0.7763663   # 크론바흐 알파
omega   0.7430190   0.7747092   0.8285776
omega2  0.7430190   0.7747092   0.8285776
omega3  0.7442638   0.7735690   0.8288277
avevar  0.4928120   0.5352083   0.5142762   # 평균분산추출(AVE)
```

위에서는 보는 바와 같이 잠재변수 Y1과 Y2에 대한 크론바흐 알파의 값은 0.7보다 크고, AVE의 값도 0.5에 근접하거나(Y1) 0.5보다 크다(Y2). 따라서 측정변수들은 어느 정도의 내적 일치성을 가지고 각 잠재변수를 설명한다고 판단할 수 있다.

측정변수의 공분산 행렬을 Σ, 잠재변수의 공분산행렬을 Φ, 측정오차 분산행렬 θ, 인자적재치 행렬을 Λ라고 하면 $\Sigma = \Lambda \Phi \Lambda' + \theta$와 같이 나타낼 수 있다. 그림 6.4의 측정모델에 대한 확인적 요인 분석결과에서 표준화 값들을 이용하여 Λ, Φ, θ를 나타내면 다음과 같다.

$$
\Lambda = \begin{pmatrix} 0.641 & 0 \\ 0.671 & 0 \\ 0.785 & 0 \\ 0 & 0.752 \\ 0 & 0.645 \\ 0 & 0.797 \end{pmatrix}, \quad
\Phi = \begin{pmatrix} 1 & 0.532 \\ 0.532 & 1 \end{pmatrix}, \quad
\theta = \begin{pmatrix} 0.589 \\ 0.550 \\ 0.384 \\ 0.435 \\ 0.584 \\ 0.364 \end{pmatrix}
$$

위의 행렬을 이용하여 Σ을 계산해보자.

```
library(Matrix) # Diagonal 함수 사용을 위한 패키지
lam=matrix(c(0.641,0,0.671,0,0.785,0,0,0.752,
             0,0.645,0,0.797),ncol=2,byrow=TRUE)
phi=matrix(c(1,0.532,0.532,1),ncol=2,byrow=TRUE)
theta=Diagonal(6,x=c(0.589,0.55,0.384,0.435,0.584,0.364))
sigma=lam%*%phi%*%t(lam)+theta # Σ = ΛΦΛ' + θ
round(sigma,3) #
```

```
6 x 6 Matrix of class "dsyMatrix"
     [,1]  [,2]  [,3]  [,4]  [,5]  [,6]
[1,] 1.000 0.430 0.503 0.256 0.220 0.272
[2,] 0.430 1.000 0.527 0.268 0.230 0.285
[3,] 0.503 0.527 1.000 0.314 0.269 0.333
[4,] 0.256 0.268 0.314 1.001 0.485 0.599
[5,] 0.220 0.230 0.269 0.485 1.000 0.514
[6,] 0.272 0.285 0.333 0.599 0.514 0.999
```

위의 공분산행렬은 표준화 모수값들을 이용하여 계산되었으므로 결과적으로 상관행렬과 같게 된다. 이제 실제 주어진 공분산행렬(표 6.2)로부터 상관계수 행렬을 계산해 보면 다음과 같다.

```
S=cov2cor(cov.dat) # 표 6.2의 공분산자료로부터 상관행렬 계산
round(S,3)
     [,1]  [,2]  [,3]  [,4]  [,5]  [,6]
[1,] 1.000 0.418 0.515 0.248 0.200 0.265
[2,] 0.418 1.000 0.524 0.280 0.252 0.329
[3,] 0.515 0.524 1.000 0.281 0.246 0.345
[4,] 0.248 0.280 0.281 1.000 0.499 0.597
[5,] 0.200 0.252 0.246 0.499 1.000 0.507
[6,] 0.265 0.329 0.345 0.597 0.507 1.000
```

공분산 자료로부터 계산된 상관행렬 S와 표준화 모수로부터 계산된 행렬 sigma를 비교해 보면 차이가 나타남을 알 수 있다. 이 때 귀무가설을 $H_0 : \Sigma = S$ 로 두고 카이제곱 값을 계산하면 통계적 유의수준을 통해 귀무가설의 채택 여부를 결정할 수 있다. 비표준화 모수 값들로부터 공분산 행렬 Σ 가 계산될 때는 상관계수 행렬이 아니라 데이터로부터 얻어진 공분산 행렬을 이용하여 카이제곱 값을 계산하면 된다. 확인적 요인분석의 결과를 R의 semPlot 패키지를 이용하여 그래프로 나타내면 그림 6.7과 같다.

```
library(semPlot)
x11()
semPaths(cfaM.fit,whatLabels = "std", style="OpenMx",label.cex=1.5,
        layout="tree",edge.label.cex=1.0,esize=1.5)
```

semPaths() 함수의 옵션에서 whatLabels="est"로 설정하면 표준화된 값이 아니라 분석결과 부분에서 "Estimate" 열에 나타난 값을 표시하게 된다. style 옵션에는 "OpenMx" 외에도 "ram", "lisrel", "Mx"로 설정이 가능하다. style="lisrel"로 설정하면 분산을 나타내던 양쪽 화살표가 일방향 화살표로 바뀐다.

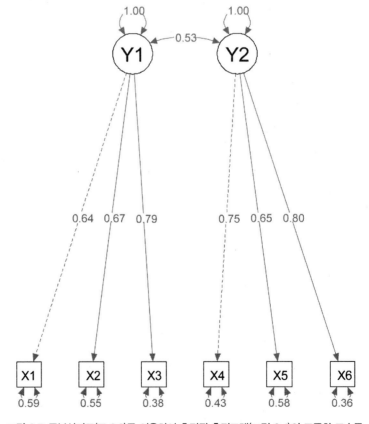

그림 6.7 공분산자료(표 6.2)를 이용하여 추정된 측정모델(그림 6.4)의 표준화 모수들.

6.1 여섯 개의 측정변수 $X_1, X_2, \ldots, X_6$ 사이의 공분산 자료가 표 6.2와 같을 때 R의 factanal() 함수를 이용하여 두 개의 잠재변수(요인)의 설정이 적절한지 조사해 보라.

풀이

측정변수들로부터 잠재변수를 찾아 관계를 설정하는 과정은 탐색적 요인분석으로서 이미 설정된 관계의 적합성을 조사하는 확인적 요인분석과는 다르다. 즉, 탐색적 요인 분석은 측정변수와 관계가 있을 것으로 생각되는 요인을 탐색한다. R의 factanal() 함 수는 최대우도법을 사용하여 설정된 잠재변수의 개수가 적절한지를 조사한다. 아래의 R 코드를 이용해 보자.

```
library(lavaan) # lav_matrix_lower2full() 함수 사용을 위한 패키지 로딩
# 표 6.2의 공분산 자료
cov.dat = lav_matrix_lower2full(c(1.51,
                                  0.66,1.65,
                                  0.79,0.84,1.56,
                                  0.39,0.46,0.45,1.64,
                                  0.32,0.42,0.40,0.83,1.69,
                                  0.40,0.52,0.53,0.94,0.81,1.51))
colnames(cov.dat) <- rownames(cov.dat) <- c("X1","X2","X3","X4","X5","X6")
EFA=factanal(~ X1+X2+X3+X4+X5+X6,factors=2,covmat=cov.dat,
             n.obs=300,rotation='promax')
```

```
EFA
Call:
factanal(x = ~X1 + X2 + X3 + X4 + X5 + X6, factors = 2, covmat = cov.dat,
 n.obs = 300, rotation = "promax")


Uniquenesses:
   X1    X2    X3    X4    X5    X6
0.593 0.570 0.350 0.413 0.577 0.388


Loadings:
   Factor1 Factor2
X1          0.643
X2          0.616
X3          0.821
```

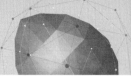

```
X4  0.784
X5  0.661
X6  0.756

                Factor1 Factor2
SS loadings       1.629   1.471
Proportion Var    0.271   0.245
Cumulative Var    0.271   0.517

Factor Correlations:
         Factor1 Factor2
Factor1   1.000   0.522
Factor2   0.522   1.000
```

```
Test of the hypothesis that 2 factors are sufficient.
The chi square statistic is 0.6 on 4 degrees of freedom.
The p-value is 0.963
```

탐색적 요인분석에서 lavaan 패키지는 사용되지 않는다. 여기서는 단지 공분산 행렬을 만들어 주는 함수 lav_matrix_lower2full()를 사용하여 위해 lavaan 패키지를 로딩하였다. 잠재변수, 즉 요인을 찾는 factanal() 함수는 측정변수들이 정규분포를 따른다고 가정한다. 이 함수의 인수설정 부분에서 요인의 수는 2개로 지정하였으며 계산이 빠른 사각(비직교) 회전방법의 일종인 프로맥스 방법을 설정하였다. 분석결과를 차례대로 살펴보자.

• Uniquenesses: 각 측정변수의 고유분산으로서 그림 6.7에서 측정변수의 오차분산과 동일한 의미를 가진다. 즉, 잠재변수에 의해 설명되지 않은 측정변수의 분산비율을 나타낸다.

```
X1    X2    X3    X4    X5    X6
0.593 0.570 0.350 0.413 0.577 0.388
```

- Loadings: 각 지표변수에 대한 요인 적재치를 나타낸다.

```
    Factor1 Factor2
X1          0.643
X2          0.616
X3          0.821
X4  0.784
X5  0.661
X6  0.756
```

지표변수 X1, X2, X3에 대한 Factor1의 적재치와 X4, X5, X6에 대한 Factor2의 적재치는 생략되어 있는데 전체 값을 살펴보면 다음과 같다.

```
round(EFA$loadings[,],3)
    Factor1 Factor2
X1  -0.009   0.643
X2   0.070   0.616
X3  -0.029   0.821
X4   0.784  -0.034
X5   0.661  -0.020
X6   0.756   0.048
```

따라서 Factor1을 F1, Factor2를 F2라고 하면 측정변수는 다음과 같이 나타낼 수 있다.

$$X_1 = -0.009F1 + 0.643F2 + \epsilon_1,\ \epsilon_1 \sim N(0, 0.593)$$

$$X_2 = 0.070F1 + 0.616F2 + \epsilon_2,\ \epsilon_2 \sim N(0, 0.570)$$

$$X_3 = -0.029F1 + 0.821F2 + \epsilon_3,\ \epsilon_3 \sim N(0, 0.350)$$

$$X_4 = 0.784F1 - 0.034F2 + \epsilon_4,\ \epsilon_4 \sim N(0, 0.413)$$

$$X_5 = 0.661F1 - 0.020F2 + \epsilon_5,\ \epsilon_5 \sim N(0, 0.577)$$

$$X_6 = 0.756F1 + 0.048F2 + \epsilon_6,\ \epsilon_6 \sim N(0, 0.388)$$

여기에서 오차 $\epsilon_1, \epsilon_2, \ldots, \epsilon_6$는 정규분포를 가지며, 각 오차의 분산은 Uniquenesses에서의 값에 해당됨을 알 수 있다.

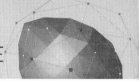

• Factor1 Factor2: 각 요인에 의해 설명되는 분산 비율을 정리함

```
SS loadings      1.629   1.471
Proportion Var   0.271   0.245
Cumulative Var   0.271   0.517
```

SS loadings은 'sum of squares of factor loadings'으로서 각 요인에 대한 요인 적재치의 제곱합이다. 예를 들면, Factor1에 대한 모든 적재치는 −0.009, 0.070, -0.029, 0.784, 0.661, 0.756이므로 이들을 모두 제곱하여 더하면 1.629가 된다. Proportion Var는 전체분산 중에서 각 요인에 의해 설명되는 분산의 비율을 나타낸다. 표준화된 측정변수의 분산은 모두 1이므로 6개 측정변수에 대한 분산의 합은 6이 된다. 따라서 전체분산 가운데서 Factor1에 의해 설명되는 분산의 비율은 1.629/6=0.271로서 27.1%가 된다. 같은 방법으로 Factor2에 의해 설명되는 분산의 비율은 24.5%가 된다. Cumulative Var는 요인들에 의해 설명되는 분산비율의 누적 값으로 51.7%를 나타낸다.

• Factor Correlations: 요인 사이의 상관관계를 나타냄

```
        Factor1 Factor2
Factor1  1.000   0.522
Factor2  0.522   1.000
```

위의 결과를 통해 Factor1과 Factor2의 상관계수가 0.522임을 알 수 있다.

분석결과의 마지막 부분은 6개의 측정변수를 2개의 잠재변수가 얼마나 잘 설명해 주는지에 대한 모델적합도 테스트 결과를 나타낸다.

```
Test of the hypothesis that 2 factors are sufficient.
The chi square statistic is 0.6 on 4 degrees of freedom.
The p-value is 0.963
```

위의 결과는 카이제곱 테스트를 수행하였을 때 $p = 0.963$으로서 유의수준을 0.05라고 하면 'H_0: 지표변수를 설명하는 데 요구되는 잠재변수(요인)의 개수는 2개이면 충분하다'라는 귀무가설을 기각시킬 수 없음을 보여준다. 즉, 2개의 잠재변수를 가지는 구조는 공분산 자료와 통계적으로 유의미하게 다르지 않다는 것을 의미하며 자료에 적합함을 나타낸다.

6.2 측정변수 $X_1, X_2, \ldots, X_6$ 사이의 상관계수가 표 E6.2와 같이 주어질 때 그림 E6.2과 같이 측정오차 사이에 공분산을 가지는 측정모델에 대해 확인적 요인분석을 통해 모수를 추정해 보라.

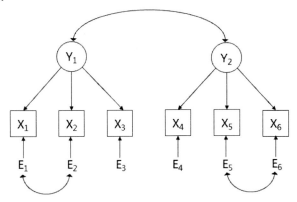

그림 E6.2 측정변수의 오차 간 공분산을 갖는 측정모델.

표 E6.2 측정변수 간의 상관계수(표본크기(n)=3,000).

	X_1	X_2	X_3	X_4	X_5	X_6
X_1	1.00					
X_2	0.49	1.00				
X_3	0.24	0.21	1.00			
X_4	0.24	0.18	0.25	1.00		
X_5	0.16	0.09	0.13	0.48	1.00	
X_6	0.06	0.04	0.03	0.11	0.14	1.00

풀이

그림 E6.2의 모델은 lavaan에서 다음과 같이 정의할 수 있다.

```
cfaM <- '
# 측정모델 정의
Y1 =~ X1 + X2 + X3
Y2 =~ X4 + X5 + X6
# 측정오차 사이의 공분산 설정
X1 ~~ X2
X5 ~~ X6
'
```

lavaan에서는 측정오차 사이의 공분산은 디폴트로 0으로 간주하기 때문에 그림 E6.2의 모델과 같이 측정오차 사이의 공분산을 고려해야 하는 경우는 위에서와 같이 별도로 공분산을 설정해 주어야 한다. 그림 E6.2의 측정모델에 대한 모수를 cfa() 함수를 이용하여 추정하기 위해서는 공분산자료가 필요하지만 문제에서는 공분산대신 상관자료가 주어졌다. 각 측정변수에 대한 표준편차에 대한 정보가 부가적으로 제공된다면 식 2.6에 의해 측정변수들의 공분산을 계산할 수 있겠지만 이에 대한 정보가 없기 때문에 공분산행렬 대신에 상관행렬을 사용하기로 한다. 공분산행렬 대신에 상관행렬을 사용할 경우 본래 측정변수가 가지는 척도의 정보가 상실되기 때문에 다른 표본에서 산출된 결과와 비교할 수 없는 단점이 있지만 주어진 표본에서 각 변수의 상대적 중요성을 비교할 수 있다. 이제 아래의 R 코드를 이용하여 분석해 보자.

```
library(lavaan)
cov.dat = lav_matrix_lower2full(c(1.00,
                                  0.49,1.00,
                                  0.24,0.21,1.00,
                                  0.24,0.18,0.25,1.00,
                                  0.16,0.09,0.13,0.48,1.00,
                                  0.06,0.04,0.03,0.11,0.14,1.00))

colnames(cov.dat) <- rownames(cov.dat) <- c("X1","X2","X3","X4","X5","X6")

cfaM <- '
Y1 =~ X1 + X2 + X3
Y2 =~ X4 + X5 + X6

X1 ~~ X2
X5 ~~ X6
'
cfaM.fit = cfa(cfaM,sample.cov=cov.dat,sample.nobs=3000)
summary(cfaM.fit,fit.measures=TRUE,standardized=TRUE)

lavaan 0.6-3 ended normally after 34 iterations

  Optimization method                             NLMINB
```

```
Number of free parameters                    15 # 추정된 모수의 개수

Number of observations                      3000

Estimator                                     ML
Model Fit Test Statistic                  11.077
Degrees of freedom                             6 # 자유도
P-value (Chi-square)                       0.086

Model test baseline model:

Minimum Function Test Statistic         2216.953
Degrees of freedom                            15
P-value                                    0.000

User model versus baseline model:

Comparative Fit Index (CFI)                0.998
Tucker-Lewis Index (TLI)                   0.994

Loglikelihood and Information Criteria:

Loglikelihood user model (H0)         -24434.955
Loglikelihood unrestricted model (H1) -24429.417

Number of free parameters                     15
Akaike (AIC)                           48899.910
Bayesian (BIC)                         48990.006
Sample-size adjusted Bayesian (BIC)    48942.345

Root Mean Square Error of Approximation:

RMSEA                                      0.017
90 Percent Confidence Interval      0.000  0.032
P-value RMSEA <= 0.05                       1.000

Standardized Root Mean Square Residual:

SRMR                                       0.011
```

```
Parameter Estimates:

  Information                              Expected
  Information saturated (h1) model       Structured
  Standard Errors                         Standard

Latent Variables:
                   Estimate  Std.Err  z-value  P(>|z|)   Std.lv   Std.all
  Y1 =~
    X1               1.000                                 0.484    0.484
    X2               0.806    0.055   14.584    0.000      0.390    0.390
    X3               1.049    0.095   11.045    0.000      0.508    0.508
  Y2 =~
    X4               1.000                                 0.913    0.914
    X5               0.575    0.051   11.287    0.000      0.525    0.525
    X6               0.133    0.024    5.480    0.000      0.122    0.122

Covariances:
                   Estimate  Std.Err  z-value  P(>|z|)   Std.lv   Std.all
 .X1 ~~
   .X2               0.301    0.024   12.618    0.000      0.301    0.374
 .X5 ~~
   .X6               0.076    0.017    4.512    0.000      0.076    0.090
  Y1 ~~
    Y2               0.237    0.018   12.925    0.000      0.535    0.535

Variances:
                   Estimate  Std.Err  z-value  P(>|z|)   Std.lv   Std.all
   .X1              0.765    0.030   25.300    0.000      0.765    0.766
   .X2              0.847    0.028   29.830    0.000      0.847    0.848
   .X3              0.742    0.031   24.229    0.000      0.742    0.742
   .X4              0.165    0.070    2.352    0.019      0.165    0.165
   .X5              0.724    0.030   24.281    0.000      0.724    0.724
   .X6              0.985    0.026   38.577    0.000      0.985    0.985
    Y1              0.234    0.028    8.286    0.000      1.000    1.000
    Y2              0.834    0.075   11.174    0.000      1.000    1.000
```

모델에 대한 카이제곱 테스트에서 $p = 0.086 > 0.05$ 이므로 귀무가설을 기각할 수 없음을 보여준다. 즉, 그림 E6.2의 측정모델은 표 E6.2의 자료에 적합하다고 할 수 있다. 다른

모형적합도 지수도 양호한 편이다(CFI=0.998, TLI=0.994, RMSEA=0.017, SRMR=0.011).
변수들의 추정된 분산을 나타내는 "Variances:" 부분에서 측정변수들의 오차분산이
"Estimate", "Std.lv", "Std.all"의 모든 부분에서 동일하게 나타난 것은 모수 추정을 위해
입력된 자료가 공분산 자료가 아니라 상관계수 자료가 사용되었기 때문이다. "Std.lv"
은 잠재변수의 분산이 1로 표준화될 때의 모수 추정치를, "Std.all"은 모든 변수(잠재변
수와 측정변수)의 분산이 1로 표준화될 때의 모수 추정치를 나타낸다. 분석결과를 표
준화 모수와 함께 "semPlot" 패키지를 이용하여 그래프로 나타내면 그림 S6.2와 같다.

```
library(semPlot)
x11()
semPaths(cfaM.fit,whatLabels = "std", style="lisrel",label.cex=1.5,
        layout="tree",edge.label.cex=1.0,esize=1.5)
```

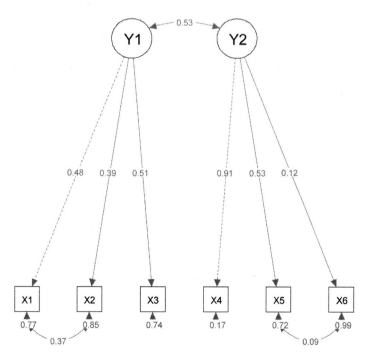

그림 S6.2

CHAPTER **7**

구조방정식모델

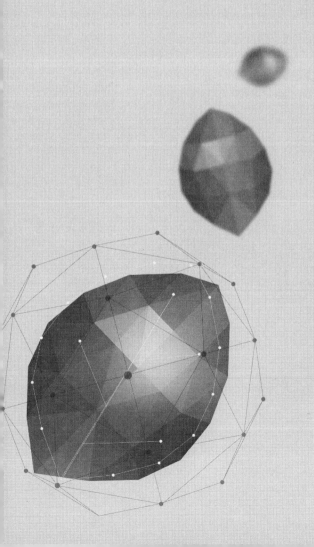

　　구조방정식모델은 관찰변수로만 구성된 경로모델, 잠재변수와 지표변수로 구성된 측정모델뿐만 아니라 잠재변수 사이의 이론적 인과관계까지 다루는 포괄적 통계모델로 그림 7.1에서와 같이 구조모델(structure model)과 측정모델(measurement model)의 두 부분으로 구성된다. 구조모델은 잠재변수 사이의 인과관계를 경로분석에서와 같이 회귀모델(regression model)처럼 나타내며, 측정모델은 지표변수(측정변수)와 잠재변수의 관계로 나타낸다. 구조방정식의 장점은 잠재변수 사이의 인과관계와 잠재변수와 지표변수 사이의 관계를 동시에 검증한다는 것이다.

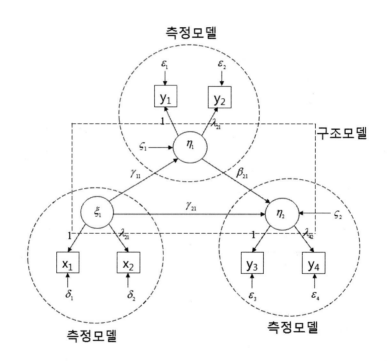

그림 7.1 측정모델과 구조모델로 구성된 구조방정식모델의 예.

7.1   구조방정식모델의 공분산행렬

외생잠재변수에 대한 측정(지표)변수가 $x_1, x_2, \ldots, x_q$,이고 내생잠재변수에 대한 측정 (지표)변수가 $y_1, y_2, \ldots, y_p$인 구조방정식모델의 공분산행렬은 다음과 같이 네 부분으로 나누어 볼 수 있다.

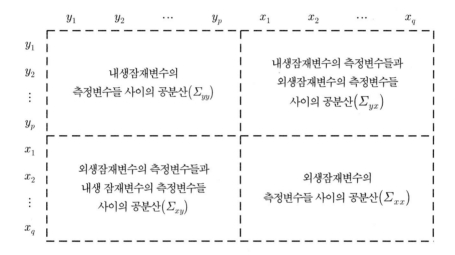

따라서 구조방정식모델의 모수를 θ라고 하면 공분산행렬은 다음과 같은 식으로 나타 낼 수 있다.

$$\Sigma(\theta) = \begin{bmatrix} \Sigma_{yy}(\theta) & \Sigma_{yx}(\theta) \\ \Sigma_{xy}(\theta) & \Sigma_{xx}(\theta) \end{bmatrix} \tag{7.1}$$

외생잠재변수를 ξ, 내생잠재변수를 η라고 할 때 식 7.1의 공분산행렬을 계산해 보자. 내 생잠재변수 η와 이에 대한 측정변수 y에 대한 인자적재치 행렬을 Λ_y, 외생잠재변수 ξ와 이에 대한 측정변수 x에 대한 인자적재치 행렬을 Λ_x라고 하면 다음의 관계가 성립한다.

$$y = \Lambda_y \eta + \epsilon, \quad x = \Lambda_x \xi + \delta \tag{7.2}$$

여기에서 ϵ와 δ는 측정오차이다. 모든 변수는 편차변수 즉, 평균이 0인 변수로 간주하

고 식 7.1의 공분산행렬을 계산해 보자. 먼저 측정변수 y에 대한 공분산을 계산하면

$$\Sigma_{yy}(\theta) = E(yy') = E\left[(\Lambda_y \eta + \epsilon)(\Lambda_y \eta + \epsilon)'\right]$$

$$= \Lambda_y E(\eta\eta')\Lambda_y' + \Lambda_y E(\eta\epsilon') + E(\epsilon\eta')\Lambda_y' + E(\epsilon\epsilon')$$

이 된다. 여기에서 내생잠재변수 η와 측정오차 ϵ는 상관이 없는 것으로 가정되므로

$$\Sigma_{yy}(\theta) = E(yy') = \Lambda_y E(\eta\eta')\Lambda_y' + E(\epsilon\epsilon') \tag{7.3}$$

이 된다. 내생잠재변수(η) 사이의 관계를 지정해 주는 행렬을 B, 외생잠재변수(ξ)와 내생잠재변수(η) 사이의 관계를 지정해 주는 행렬을 Γ라고 하면 η와 ξ 사이에는 다음과 관계가 성립한다.

$$\eta = B\eta + \Gamma\xi + \zeta \tag{7.4}$$

여기에서 ζ는 내생잠재변수의 방해오차에 해당한다. 식 7.4는 다음과 같이 나타낼 수 있다.

$$\eta - B\eta = \Gamma\xi + \zeta$$

$$(I - B)\eta = \Gamma\xi + \zeta \qquad (I: 항등행렬)$$

따라서 $\eta = (I-B)^{-1}(\Gamma\xi + \zeta)$ 이므로 식 7.3에 대입하여 정리하면 다음과 같다[6].

$$\Sigma_{yy}(\theta) = \Lambda_y(I-B)^{-1}(\Gamma\Phi\Gamma' + \Psi)(I-B)^{-1'}\Lambda_y' + \Theta_\epsilon \tag{7.5}$$

위의 식에서 Φ는 외생잠재변수 사이의 공분산행렬을, Ψ는 내생잠재변수의 방해오차 사이의 공분산행렬을, Θ_ϵ는 내생잠재변수를 설명하는 측정변수의 오차 분산행렬을 나타낸다.

---

6 이기종, 구조방정식모형: 인과성 · 통계분석 및 추론. (국민대학교 출판부, 2012), p. 339.

이제 내생잠재변수의 측정변수 y와 외생잠재변수의 측정변수 x 사이의 공분산을 계산해 보자.

$$\Sigma_{yx}(\theta) = E(yx') = E\left[(\Lambda_y\eta + \epsilon)(\Lambda_x\xi + \delta)'\right]$$
$$= \Lambda_y E(\eta\xi')\Lambda_x' + \Lambda_y E(\eta\delta') + E(\epsilon\delta')\Lambda_x' + E(\epsilon\delta')$$

구조방정식모델에서 내생잠재변수 η와 측정오차 δ 사이의 공분산, 측정오차 ϵ과 δ 간의 공분산은 0으로 간주되므로

$$\Sigma_{yx}(\theta) = E(yx') = \Lambda_y E(\eta\xi')\Lambda_x' \tag{7.6}$$

이 된다. 식 7.6에 $\eta = (I-B)^{-1}(\Gamma\xi + \zeta)$ 을 대입하여 정리하면

$$\Sigma_{yx}(\theta) = \Lambda_y(I-B)^{-1}\Gamma\Phi\Lambda_x' \tag{7.7}$$

이 된다. $\Sigma_{xy}(\theta) = \left[\Sigma_{yx}(\theta)\right]'$ 이므로

$$\Sigma_{xy}(\theta) = \Lambda_x\Phi'\Gamma'(I-B)^{-1'}\Lambda_y' \tag{7.8}$$

이 된다. 외생잠재변수의 측정변수 x의 공분산은

$$\Sigma_{xx}(\theta) = E[xx'] = E\left[(\Lambda_x\xi + \delta)(\Lambda_x\xi + \delta)'\right] = \Lambda_x E(\xi\xi')\Lambda_x' + \Theta_\delta$$
$$= \Lambda_x\Phi\Lambda_x' + \Theta_\delta \tag{7.9}$$

이 된다. 비슷한 방법으로 내생잠재변수의 측정변수 y의 공분산도 계산될 수 있다. 위의 결과를 정리하면 내생/외생 측정변수의 공분산행렬은 다음과 같이 나타낼 수 있다.

$$\Sigma(\theta) = \begin{bmatrix} \Lambda_y(I-B)^{-1}(\Gamma\Phi\Gamma' + \Psi)(I-B)^{-1'}\Lambda_y' + \Theta_\epsilon & \Lambda_y(I-B)^{-1}\Gamma\Phi\Lambda_x' \\ \\ \Lambda_x\Phi\Gamma'(I-B)^{-1'}\Lambda_y' & \Lambda_x\Phi\Lambda_x' + \Theta_\delta \end{bmatrix} \tag{7.10}$$

위에서는 보는 바와 같이 구조방정식에서 측정변수 사이의 공분산은 모수행렬 $(B, \Gamma, \Phi, \Psi, \Lambda_y, \Lambda_x, \Theta_\epsilon, \Theta_\delta)$로부터 계산될 수 있다. 그림 7.1의 구조방정식모델에서 모

수행렬을 나타내 보면 다음과 같다.

$$B = \begin{array}{c} \\ \eta_1 \\ \eta_2 \end{array} \overset{\eta_1 \quad \eta_2}{\begin{bmatrix} 0 & 0 \\ \beta_{21} & 0 \end{bmatrix}}, \quad \varGamma = \begin{array}{c} \\ \eta_1 \\ \eta_2 \end{array} \overset{\xi_1}{\begin{bmatrix} \gamma_{11} \\ \gamma_{21} \end{bmatrix}}, \quad \varPsi = \begin{array}{c} \\ \zeta_1 \\ \zeta_2 \end{array} \overset{\zeta_1 \quad \zeta_2}{\begin{bmatrix} \psi_{11} & 0 \\ 0 & \psi_{22} \end{bmatrix}}, \quad \varLambda_x = \begin{bmatrix} 1 \\ \lambda_{21} \end{bmatrix}$$

$$\varLambda_y = \begin{bmatrix} 1 & 0 \\ \lambda_{21} & 0 \\ 0 & 1 \\ 0 & \lambda_{42} \end{bmatrix}, \; \Theta_\epsilon = \begin{bmatrix} Var(\epsilon_1) & 0 & 0 & 0 \\ 0 & Var(\epsilon_2) & 0 & 0 \\ 0 & 0 & Var(\epsilon_3) & 0 \\ 0 & 0 & 0 & Var(\epsilon_4) \end{bmatrix}, \; \Theta_\delta = \begin{bmatrix} Var(\delta_1) & 0 \\ 0 & Var(\delta_2) \end{bmatrix}$$

$$\varPhi = \begin{array}{c} \\ \xi_1 \end{array} \overset{\xi_1}{(\phi_{11})}$$

위의 모수행렬을 이용하여 식 7.9의 외생잠재변수의 측정변수 x에 대한 공분산행렬을 구해보면

$$\Sigma_{xx}(\theta) = \varLambda_x \varPhi \varLambda_x' + \Theta_\delta = \begin{pmatrix} 1 \\ \lambda_{21} \end{pmatrix} (\phi_{11}) \begin{pmatrix} 1 \\ \lambda_{21} \end{pmatrix}' + \begin{pmatrix} Var(\delta_1) & 0 \\ 0 & Var(\delta_2) \end{pmatrix}$$

$$= \begin{pmatrix} \phi_{11} + Var(\delta_1) & \lambda_{21}\phi_{11} \\ \lambda_{21}\phi_{11} & \lambda_{21}^2\phi_{11} + Var(\delta_2) \end{pmatrix}$$

이 된다. 유사한 방법으로 외생잠재변수의 측정변수 x와 내생잠재변수의 측정변수 y 사이의 공분산도 다음과 같이 계산될 수 있다.

$$\Sigma_{yx} = \varLambda_y (I - B)^{-1} \varGamma \varPhi \varLambda_x' = \begin{pmatrix} 1 & 0 \\ \lambda_{21} & 0 \\ 0 & 1 \\ 0 & 1 \end{pmatrix} \begin{pmatrix} 1 & \beta_{21} \\ 0 & 1 \end{pmatrix} \begin{pmatrix} \gamma_{11} \\ \gamma_{21} \end{pmatrix} (\phi_{11})(1 \; \lambda_{21})$$

$$= \begin{pmatrix} \phi_{11}(\gamma_{11} + \beta_{21}\gamma_{21}) & \lambda_{21}\phi_{11}(\gamma_{11} + \beta_{21}\gamma_{21}) \\ \lambda_{21}\phi_{11}(\gamma_{11} + \beta_{21}\gamma_{21}) & \lambda_{21}^2\phi_{11}(\gamma_{11} + \beta_{21}\gamma_{21}) \\ \phi_{11}\gamma_{21} & \phi_{11}\lambda_{21}\gamma_{21} \\ \phi_{11}\lambda_{42}\gamma_{21} & \phi_{11}\lambda_{21}\lambda_{42}\gamma_{21} \end{pmatrix}$$

위와 같이 측정변수 사이의 공분산을 모수행렬로 나타낸 후, 자료로 제공되는 공분산과 비교함으로써 모수를 계산할 수 있다.

7.2   구조방정식모델의 모수추정방법

구조방정식모델의 모수(θ)는 측정변수의 공분산행렬 정보를 이용하여 추정된다. 표본공분산행렬을 S, 구조방정식모델을 통해 계산되는 공분산행렬을 $\Sigma(\theta)$라고 하면 모수추정은 $H_0 : S = \Sigma(\theta)$라는 영가설을 통해 모수는 추정된다. 모수추정을 위해 선호되는 방법으로 최대우도법(maximum likelihood estimation), 일반최소제곱법(general least square) 등과 같은 반복추정방법들이 있다. 반복추정법은 추정된 모수의 값들로부터 측정변수들의 공분산을 계산하였을 때 얻어지는 $\hat{\Sigma}(\theta)$가 표분공분산행렬 S와 같거나 근접하도록 모수의 값들을 반복적으로 수정해가면서 모수를 추정하는 방법이다. 여기서는 구조방정식모델에서 모수추정을 위해 선호는 방법들 가운데 최대우도법, 일반최소제곱법, 가중최소제곱법, 비가중최소제곱법을 중심으로 살펴보기로 한다.

(1) 최대우도법

최대우도법은 구조방정식모델의 분석을 위해 가장 일반적으로 사용되고 있는 모수추정 방법으로 간단히 ML(Maximum Likelihood)로 나타내기도 한다. ML 추정방법은 구조방정식모델에서 내생변수의 모집단 분포가 정규분포이면서 동시에 다변량 정규분포를 이룬다는 가정 하에서 개발된 방법이다. 모수에 대한 초기값을 부여하여 구조방정식모델로부터 공분산을 계산하고 자료로 주어진 공분산과 비교하여 얼마나 일치하는지를 ML의 적합도함수(fitting function)를 통해 검증한 후, 모델의 전반적인 적합도가 개선되도록 반복적으로 모수의 값을 수정 및 추정해 나간다. 포화모델(자유도=0)의 경우 대부분 모델로부터 계산된 공분산이 자료의 공분산과 완전히 일치되어 차이가 0이 될 때까지 반복추정이 계속된다. 하지만, 간명모델의 경우(자유도>0) 자료의 공분산과 모델로부터 추정된 공분산의 차이가 가장 작아질 때까지 반복추정이 지속된다. ML 추정법에서 초기 모수값의 설정은 반복과정의 횟수에 영향을 미칠 수 있다. 즉, 초기 모수값이 최종적으로 얻어지는 모수값에 가까울수록 반복추정의 횟수는 작아지게 되고 빨리 계산을 끝낼 수 있다. 컴퓨터를 사용하여 ML 추정법을 사용할 때 초기 모수값은 임의로 부여되며, 경우에 따라서는 사용자가 직접 모수의 초기값을 설정해 줄 수도 있다.

ML 추정법에서 적합도 함수는 다음과 같이 나타낼 수 있다.

$$F_{ML} = \ln|\Sigma(\theta)| + tr(S\Sigma^{-1}(\theta)) - \ln|S| - (p+q) \tag{7.11}$$

여기에서 $p+q$는 모든 관측변수의 개수를 의미한다. 식 7.11의 적합도 함수가 최소가 될 때의 θ의 값이 구하고자 하는 모수의 추정치가 되며 해석적인 계산절차는 다음과 같다.

① 적합도 함수 F_{ML}을 θ에 대해 1차 편미분한다.
② ①에서 편미분한 값을 0으로 놓음으로써 극값을 계산한다.
③ ②에서 계산된 극값이 최소값 혹은 최대값인지 확인하기 위해 적합도함수 F_{ML}을 θ에 대해 2차 편미분을 실시한다.
④ ③에서 2차 편미분의 결과가 양정치행렬(모든 고유값이 양수인 대칭행렬)이면 ②에서 계산된 극값은 최소값이 되며 이때의 θ가 구하고자 하는 모수 추정값이 된다. 2차 편미분의 결과가 양정치행렬이 아닌 경우 모수가 추정되더라도 이때 얻어진 적합도 함수의 값이 최소값인지를 알 수 없으므로 모수의 초기값을 다르게 하여 모수추정 과정을 반복하도록 한다.

실제 ML 추정법을 통한 모수치의 계산과정은 많은 반복과정을 포함하며 복잡하므로 컴퓨터를 통한 수치해석적인 방법을 이용한다. 반복추정을 지속하다가 적합도 함수의 값이 점점 작아서 0에 가까워질 때 모수추정 과정은 멈추게 된다. 일반적으로 표본이 모집단을 잘 대표할수록, 초기 모수값이 최종으로 얻어지는 모수값에 가깝게 설정될수록 반복추정의 과정은 줄어들게 된다.

(2) 일반최소제곱법

일반최소제곱법은 표본공분산행렬 S와 구조방정식모델로부터 계산된 공분산행렬 $\Sigma(\theta)$의 차인 잔차행렬 $S - \Sigma(\theta)$에 가중치를 부가하여 모수를 추정하는 방법으로 간단히 GLS(Generalized Least Squares)로 나타내기도 한다. 즉, 측정변수마다 분산이 다르고 측정변수 사이의 공분산도 같지 않으므로 각각의 분산과 공분산에 따라 잔차행렬의 모든 원소에 가중치를 부여하여 모수를 추정하는 방법이 일반최소제곱법이다. GLS 추정방법은 모든 측정변수가 4차 모멘트를 가지는 것과 다변량 정규분포를 가정하며 적합도 함수는 다음과 같이 나타낼 수 있다.

$$F_{GLS} = (s - \sigma(\theta))'[COV(s,s')]^{-1}(s - \sigma(\theta)) \tag{7.12}$$

여기에서 s는 표본공분산행렬 S에서 중복되지 않는 원소들로 만들어진 열벡터로서 차수는 $(p+q)(p+q+1)/2 \times 1$이고 $\sigma(\theta)$는 구조방정식모델을 통해 계산되는 공분산행렬 $\Sigma(\theta)$에서 s에 대응되는 열벡터이다($p+q$는 모든 측정변수의 개수를 나타낸다). 식 7.12는 잔차행렬을 이용하여 나타내면 다음과 같다.

$$F_{GLS} = \frac{1}{2}tr\left[\{(S-\Sigma(\theta))W^{-1}\}^2\right] \tag{7.13}$$

여기에서 W^{-1}는 가중행렬이다. 가중행렬 W^{-1}가 알려지지 않은 미지의 공분산이므로 대개의 구조방정식모델을 다루는 소프트웨에서는 표본공분산행렬의 역행렬(S^{-1})을 가중행렬로서 사용한다. 잔차행렬을 최소화하는 대신 잔차행렬에 가중행렬을 곱하여 최소화하는 이유를 생각해 보자. 분산이 큰 변수의 경우 작은 분산을 가지는 변수에 비해 잔차행렬에서도 큰 숫자를 가질 가능성이 높다. 따라서 단순히 잔차행렬인 $(S-\Sigma(\theta))$를 최소화하기보다는 각 측정변수가 전체 공분산구조에 갖는 기여도에 비례하도록 가중화된 잔차행렬인 $(S-\Sigma(\theta))W^{-1}$을 최소화하는 것이 더 합리적이라고 생각할 수 있다. GLS 추정법에 의해 추정된 모수는 ML 추정법에 의해 추정된 모수와 같이 불편과 되어 있으며 최소분산을 갖는다. 또한 F_{ML}과 같이 표본의 크기가 클 때 $(N-1)F_{GLS}$는 자유도가 $df = (1/2)(p+q)(p+q+1) - t$인 χ^2 분포에 접근한다($p+q$: 모든 측정변수의 개수, t : 모수의 개수). 하지만 표본의 크기가 작거나 정상분포가 아니거나 연속변수가 아닌 경우에는 안정된 추정치를 구할 수 없다는 문제점이 있다.

(3) 가중최소제곱법

가중최소제곱법(Weighted Least Squares, WLS)은 측정변수들이 비연속적이고 정상분포에서 이탈되어 있는 경우에 모수추정을 위해 사용되는 방법으로 표본의 크기가 매우 클 때 기능을 제대로 발휘할 수 있다. WLS 추정법에서 적합도 함수는 식 7.12와 유사한 형태로 나타낼 수 있다.

$$F_{WLS} = (s - \sigma(\theta))' \, W^{-1} (s - \sigma(\theta)) \tag{7.14}$$

여기에서 s와 $\sigma(\theta)$는 식 7.12에서와 동일하지만 W^{-1}는 가중치 행렬로서 표본공분산 원소들의 공분산에 기초하여 계산되며 4차 적률과 2차 적률의 추정치가 조합된 요소로 구성되며 다음과 같이 나타낼 수 있다.

$$[W]_{ij,gh} = s_{ijgh} - s_{ij}s_{gh}, \; i \geq j, g \geq h$$

여기에서

$$s_{ijgh} = \frac{\displaystyle\sum_{n=1}^{N} (X_{n,i} - \overline{X_i})(X_{n,j} - \overline{X_j})(X_{ng} - \overline{X_g})(X_{nh} - \overline{X_h})}{N}$$

이며 N은 표본의 개수를 나타낸다. 측정변수의 개수가 $p+q$라면 가중행렬 W^{-1}의 차수는 $(p+q)(p+q+1)/2 \times (p+q)(p+q+1)/2$가 된다. 4차 적률은 첨도를 의미하므로 W^{-1}는 첨도와 연관됨을 알 수 있다. WLS 추정법은 ML 추정법이나 GLS 추정법처럼 특별한 가정을 요구하지 않는 장점이 있다. 측정변수가 다변량정상분포이고 첨도가 없다면 식 7.14는 GLS 추정법의 적합도 함수인 식 7.13와 같이 된다. 따라서 GLS 추정법과 WLS 추정법의 차이점은 사용되는 가중행렬의 차이에 있음을 알 수 있으며, GLS 추정법은 WLS 추정법의 특수한 경우에 해당된다. WLS 추정법은 측정변수의 개수가 많으면 가중행렬의 차수가 커지게 때문에 사용하기가 어렵고 표본의 수가 커야 한다는 단점이 있다.

(4) 비가중최소제곱법

비가중최소제곱법(Unweighted Least Squares, ULS)는 잔차행렬의 제곱을 최소함으로써 모수를 추정하며 적합도 함수는 다음과 같다.

$$F_{ULS} = \frac{1}{2}tr[\{S - \Sigma(\theta)\}^2] \tag{7.15}$$

ML 추정법과 같이 적합도 함수를 모수 θ에 대해 편미분한 뒤, 그 편미분의 값을 0으로 둠으로써 모수를 추정하게 된다. 현실적으로 충족되기 어려운 다변량정상분포를 가정하는 ML 추정법이나 4 차 누적적률이 0이라고 가정하는 GLS 추정법, 그리고 측정변수의 8 차 모멘트가 어떤 값을 갖는다는 가정을 하는 WLS 추정법에 비해 ULS 추정법은 측정변수에 대한 어떤 가정을 요구하지 않는 장점이 있다. 하지만, 척도불변성을 가지지 않으므로 측정변수의 단위가 바뀌거나 공분산행렬 대신 상관계수 행렬이 사용된다면 적합도 함수 F_{ULS}의 값이 변한다는 점과, ML 추정법과 달리 $(N-1)F_{ULS}$ 가 χ^2 분포를 따르지 않으므로 전체 모형을 평가할 수 없다는 단점이 있다.

7.3   R을 이용한 구조방정식모델의 분석

구조방정식모델의 분석을 위해 사용될 수 있는 R 패키지에는 대표적으로 "sem"과 "lavaan"이 있다. 두 패키지 가운데 모델정의의 편리성 및 사용의 간편성 측면에서 "lavaan" 패키지가 더 사용자들에게 선호되고 있다. 따라서 이 책에서 별다른 언급이 없다면 구조방정식모델의 분석을 위해 "lavaan" 패키지를 활용하기로 한다. 다섯 개의 측정변수와 두 개의 잠재변수로 구성된 그림 7.2와 같은 구조방정식모델을 고려해 보자.

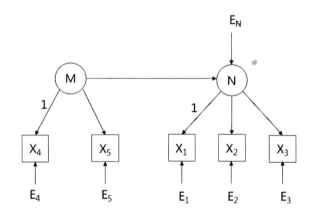

그림 7.2 인과관계를 가진 두 잠재변수를 포함하는 구조방정식모델의 예.

그림 7.2에서 잠재변수 M과 N의 첫 번째 측정변수에 대한 인자적재치를 1로 설정한 것은 이들 잠재변수에 척도를 부여하기 위한 것이다. 측정변수 사이의 공분산 자료가 표 7.1과 같이 주어진다고 할 때 이 구조방정식모델의 모수를 lavaan 패키지를 이용하여 추정해 보자. 먼저 주어진 구조방정식모델이 포화모델인지 간명모델인지를 평가하기 위해 추정될 모수의 개수와 공분산 자료로부터 주어지는 정보의 개수를 조사하면 다음과 같다.

- 추정될 모수의 개수: 측정변수 X_2, X_3, X_5에 대한 각각의 인자적재치(3개), 각 측정변수에 대한 오차의 분산(5개), 외생잠재변수 M의 분산(1개), 내생잠재변수 N의 방해오차분산(1개), 잠재변수 M과 N 사이의 회귀계수(1개)로서 모두 11개

- 공분산자료로부터 주어지는 정보의 개수: 표 7.1로부터 중복되지 않는 원소의 개수
$5 \times 6/2 = 15$

위의 결과로부터 추정될 모수의 개수보다 공분산자료로부터 얻어지는 정보의 개수가 더 많으므로 그림 7.2의 구조방정식모델은 간명모델이 된다.

표 7.1 측정변수에 대한 공분산(표본의 크기=300).

	X_1	X_2	X_3	X_4	X_5
X_1	9.06				
X_2	6.57	9.18			
X_3	5.76	5.71	8.94		
X_4	4.44	4.20	3.20	8.35	
X_5	3.32	3.43	3.39	3.27	8.88

그림 7.2의 구조방정식모델을 lavaan에서 사용되는 기호를 이용하여 정의해 보면 다음과 같다.

```
Model <- '
N =~ 1*X1 + X2 + X3
M =~ 1*X4 + X5
N ~ M
'
```

lavaan 패키지에서 구조방정식모델의 모수를 추정하기 위해 "sem()"이라는 함수를 사용하는데, 이 함수는 잠재변수에 척도를 부여하기 위해 "cfa()" 함수와 같이 디폴트로 각 잠재변수의 첫 번째 측정변수(기준변수)에 대한 인자적재치를 1로 설정한다. 따라서 위의 모델정의는 아래와 같이 기준변수에 대한 인자적재치 1을 생략할 수도 있다.

```
Model <- '
N =~ X1 + X2 + X3
M =~ X4 + X5
N ~ M
'
```

이제 주어진 표 7.1의 공분산자료를 행렬로 입력하기 위해 "lav_matrix_lower2full()" 함수를 이용해 보자.

```
cov.dat=lav_matrix_lower2full(c(9.06,6.57,9.18,5.76,5.71,8.94,4.44,4.20,3.20,8.35,
                                3.32,3.43,3.39,3.27,8.88))
cov.dat
     X1   X2   X3   X4   X5
X1 9.06 6.57 5.76 4.44 3.32
X2 6.57 9.18 5.71 4.20 3.43
X3 5.76 5.71 8.94 3.20 3.39
X4 4.44 4.20 3.20 8.35 3.27
X5 3.32 3.43 3.39 3.27 8.88
```

위의 코드를 통해 "lav_matrix_lower2full()" 함수는 공분산자료의 대각선 이하 중복되지 않는 원소들을 행의 순서대로 나열한 벡터를 이용하여 공분산행렬을 생성하는 기능을 가짐을 알 수 있다. 편의를 위해 위의 코드를 아래와 같이 나타낼 수도 있다.

```
cov.dat=lav_matrix_lower2full(c(9.06,
                                6.57,9.18,
                                5.76,5.71,8.94,
                                4.44,4.20,3.20,8.35,
                                3.32,3.43,3.39,3.27,8.88))
```

구조방정식모델이 정의되고 공분산행렬이 준비되었다면 sem() 함수를 이용하여 모수를 추정할 수 있으며 이 때 요구되는 인수형태는 다음과 같다.

```
sem(model = 정의된 모델이름, sample.cov = 공분산행렬, sample.nobs= 표본의 크기,...)
```

lavaan에서 공분산자료를 이용하여 구조방정식모델의 모수를 추정하는 방법을 요약해 보면 다음과 같다.

① lavaan 연산자를 이용한 모델의 정의

② "lav_matrix_lower2full()" 함수나 기타 방법을 이용하여 공분산행렬 만들기

③ "sem()" 함수를 이용한 모수의 추정

위의 절차를 따라 그림 7.2의 구조방정식에 대한 모수를 추정해 보면 다음과 같다.

```
library(lavaan)
Model <- '
N =~ 1*X1 + X2 + X3
M =~ 1*X4 + X5
N ~ M
'
cov.dat=lav_matrix_lower2full(c(9.06,
                               6.57,9.18,
                               5.76,5.71,8.94,
                               4.44,4.20,3.20,8.35,
                               3.32,3.43,3.39,3.27,8.88))
colnames(cov.dat) <- rownames(cov.dat) <- c("X1","X2","X3","X4","X5")
sem.fit=sem(Model,sample.cov=cov.dat,sample.nobs=300)
summary(sem.fit,fit.measures=TRUE,standardized=TRUE)
```

```
lavaan 0.6-3 ended normally after 40 iterations

  Optimization method                      NLMINB
  Number of free parameters                    11  # 추정될 모수의 개수
  Number of observations                      300


  Estimator                                    ML
  Model Fit Test Statistic                  6.945
  Degrees of freedom                            4 # 자유도
  P-value (Chi-square)                      0.139

Model test baseline model:

  Minimum Function Test Statistic         585.996
  Degrees of freedom                           10
  P-value                                   0.000
```

```
User model versus baseline model:
  Comparative Fit Index (CFI)                     0.995
  Tucker-Lewis Index (TLI)                        0.987


Loglikelihood and Information Criteria:
  Loglikelihood user model (H0)          -3474.002
  Loglikelihood unrestricted model (H1)  -3470.530


  Number of free parameters                          11
  Akaike (AIC)                              6970.004
  Bayesian (BIC)                            7010.746
  Sample-size adjusted Bayesian (BIC)       6975.860


Root Mean Square Error of Approximation:
  RMSEA                                           0.050
  90 Percent Confidence Interval          0.000   0.110
  P-value RMSEA <= 0.05                            0.426


Standardized Root Mean Square Residual:
  SRMR                                            0.019


Parameter Estimates:
  Information                               Expected
  Information saturated (h1) model        Structured
  Standard Errors                           Standard


Latent Variables:
                  Estimate  Std.Err  z-value  P(>|z|)  Std.lv  Std.all
  N =~
    X1              1.000                                2.586   0.860
    X2              0.984    0.062   15.986    0.000    2.544   0.841
    X3              0.858    0.061   14.010    0.000    2.218   0.743
  M =~
    X4              1.000                                1.987   0.689
    X5              0.825    0.115    7.199    0.000    1.640   0.551


Regressions:
                  Estimate  Std.Err  z-value  P(>|z|)  Std.lv  Std.all
  N ~
```

	Estimate	Std.Err	z-value	P(>│z│)	Std.lv	Std.all
M	1.071	0.155	6.924	0.000	0.823	0.823

Variances:

	Estimate	Std.Err	z-value	P(>│z│)	Std.lv	Std.all
.X1	2.345	0.342	6.860	0.000	2.345	0.260
.X2	2.678	0.353	7.594	0.000	2.678	0.293
.X3	3.992	0.399	10.013	0.000	3.992	0.448
.X4	4.374	0.619	7.062	0.000	4.374	0.526
.X5	6.160	0.610	10.102	0.000	6.160	0.696
.N	2.158	0.656	3.289	0.001	0.323	0.323
M	3.948	0.768	5.139	0.000	1.000	1.000

위에서 "sem()" 함수를 통해 추정된 모수의 결과는 sem.fit이라는 객체로 저장되었으며, summary() 함수를 통해 이 객체에 포함된 내용을 쉽게 살펴볼 수 있다. 모델 적합도와 관련된 결과 부분을 살펴보면 구조방정식모델에 대한 카이제곱 통계량이 $\chi^2(df = 4)$ = 6.945로서 이때의 P-value는 0.139이다. 따라서 유의수준 $\alpha = 0.05$일 때 그림 7.2의 구조방정식모델은 표 7.1의 공분산자료에 적합하다는 영가설을 채택할 수 있다. 다른 적합도 지수들의 값도 대체로 양호함을 알 수 있다(CFI=0.995, TLI=0.987, RMSEA=0.05, SRMR=0.05). 인자적재치는 잠재변수의 측정변수에 대한 영향력의 크기로 해석될 수 있으며, 측정변수의 오차분산은 잠재변수가 측정변수를 얼마나 설명할 수 있는지를 평가할 때 사용될 수 있다. 이러한 목적으로 추정된 모수치들을 이용하고자 할 때는 표준화 모수치을 사용하면 편리하다. 표준화 모수는 모든 변수들을 평균이 0, 표준편차가 1이 되도록 표준화시켰을 때의 모수 추정치로서 Std.all부분에 나타나 있다. 표준화 모수치만을 살펴보자 한다면 다음과 같이 "inspect()" 함수를 사용하면 된다.

```
inspect(sem.fit,"std")
$lambda  # 표준화 인자적재치
      N     M
X1 0.860 0.000
X2 0.841 0.000
X3 0.743 0.000
X4 0.000 0.689
```

```
X5 0.000 0.551
$theta # 표준화된 측정변수의 오차분산
    X1    X2    X3    X4    X5
X1 0.260
X2 0.000 0.293
X3 0.000 0.000 0.448
X4 0.000 0.000 0.000 0.526
X5 0.000 0.000 0.000 0.000 0.696
$psi # 표준화된 외생잠재변수 분산(M)과 내생잠재변수(N)의 방해 오차분산
    N    M
N 0.323
M 0.000 1.000
$beta # 외생잠재변수(M)과 내생잠재변수(N) 사이의 경로계수
    N    M
N 0 0.823
M 0 0.000
```

위에서 sem.fit는 sem() 함수에 의해 분석된 결과가 저장된 객체이다. 잠재변수 N의 측정변수 X_1, X_2, X_3에 대한 표준화 인자적재치는 각각 0.860, 0.841, 0.743이므로 이들 측정변수들이 잠재변수 N에 의해 받는 영향력의 크기는 $X_1 > X_2 > X_3$임을 알 수 있다. 또한, 표준화된 측정변수의 분산은 모두 1이므로 여기에서 각 측정변수의 오차분산을 빼게 되면 잠재변수의 측정변수에 대한 설명력인 결정계수(R^2)가 된다. 예를 들면, X_1, X_2, X_3의 오차분산은 각각 0.260, 0.293, 0.448이므로 잠재변수에 N에 의해 설명될 수 있는 이들 측정변수의 분산은 각각 1-0.260=0.740, 1-0.293=0.707, 1-0.448=0.552가 된다. 즉, 잠재변수 N은 측정변수 X_1, X_2, X_3 가운데 X_1의 변동에 대해 가장 큰 설명력을 가진다. 동일한 방법으로 잠재변수 M과 측정변수 X_4, X_5 사이의 관계를 해석할 수 있다. "semPlot" 패키지를 이용하여 표준화 모수 추정치들을 구조방정식모델과 함께 나타내면 그림 7.3과 같다.

```
library(semPlot)
x11()
semPaths(sem.fit,whatLabels = "std", style="lisrel", layout="tree3", rotation=3)
```

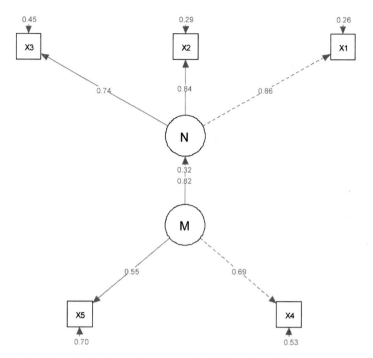

그림 7.3 추정된 표준화 모수와 함께 나타낸 구조방정식모델(점선화살표: 기준관측변수).

7.1 그림 E7.1과 같은 구조방정식모델에 대한 측정변수 사이의 공분산 자료가 표 E7.1과 같이 주어질 때 표준화 모수치(인자적재치, 회귀계수, 측정오차의 분산, 방해오차의 분산)을 계산해 보라.

표 E7.1 측정변수 사이의 공분산자료 (표본의 크기=500)

	X_1	X_2	X_3	X_4	X_5	X_6	X_7	X_8	X_9
X_1	1.02								
X_2	0.79	1.08							
X_3	1.03	0.92	1.84						
X_4	0.76	0.70	1.24	1.29					
X_5	0.57	0.54	0.88	0.63	0.85				
X_6	0.46	0.42	0.68	0.53	0.52	0.67			
X_7	0.43	0.39	0.64	0.50	0.48	0.55	0.72		
X_8	0.58	0.56	0.89	0.72	0.55	0.42	0.37	0.85	
X_9	0.49	0.50	0.89	0.65	0.51	0.39	0.34	0.63	0.87

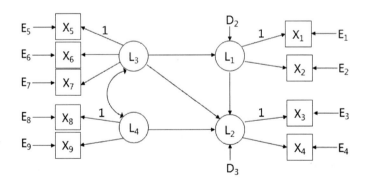

그림 E7.1 구조방정식모델(L: 잠재변수, X: 측정변수, E: 측정오차, D: 방해오차).

풀이

그림 E7.1의 모델에서 모수가 추정가능하기 위해서는 자유도가 0보다 크거나 같아야 한다. 먼저 추정될 모수의 개수를 구해보면 다음과 같이 총 23개가 된다.

측정변수($X_1, X_2, \ldots, X_9$)의 오차분산: 9개, 측정변수(X_2, X_4, X_6, X_7, X_9)에 대한 인자 적재치: 5개

내생잠재변수(L_1, L_2)의 방해오차의 분산: 2개, 외생잠재변수(L_3, L_4)의 분산: 2개, 외생 잠재변수(L_1, L_2) 사이의 공분산: 1개, 잠재변수(L_1, L_2, L_3, L_4) 사이의 회귀계수: 4개

표 E7.1의 공분산자료로부터 주어지는 정보의 개수는 $9 \times 10/2 = 45$이므로 자유도는 $45 - 23 = 22 > 0$가 되므로 모수의 추정이 가능한 필요조건을 만족한다.

이제 그림 E7.1의 구조방정식모델을 lavaan에서 정의해 보면 다음과 같다.

```
Model <- '
# 측정모델
L1 =~ X1 + X2
L2 =~ X3 + X4
L3 =~ X5 + X6 + X7
L4 =~ X8 + X9
# 구조모델
L1 ~ L3
L2 ~ L1 + L3 + L4
'
```

위에서 보는 바와 같이 lavaan에서 측정변수의 오차분산, 외생잠재변수의 분산/공분 산, 내생잠재변수의 방해오차분산은 별도로 지정해 주지 않아도 디폴트로 계산된다. 아래의 R 코드를 이용하여 그림 E7.1의 구조방정식모델에 대한 모수들을 추정해 보자.

```
library(lavaan)
cov.dat=lav_matrix_lower2full(
  c(1.02,
    0.79,1.08,
    1.03,0.92,1.84,
    0.76,0.70,1.24,1.29,
    0.57,0.54,0.88,0.63,0.85,
    0.46,0.42,0.68,0.53,0.52,0.67,
    0.43,0.39,0.64,0.50,0.48,0.55,0.72,
```

```
   0.58,0.56,0.89,0.72,0.55,0.42,0.37,0.85,
   0.49,0.50,0.89,0.65,0.51,0.39,0.34,0.63,0.87))
colnames(cov.dat) <- c("X1","X2","X3","X4","X5","X6","X7","X8","X9")
rownames(cov.dat) <- colnames(cov.dat)
Model <- '
L1 =~ X1 + X2
L2 =~ X3 + X4
L3 =~ X5 + X6 + X7
L4 =~ X8 + X9
L1 ~ L3
L2 ~ L1 + L3 + L4
'
sem.fit=sem(Model,sample.cov=cov.dat,sample.nobs=500)
summary(sem.fit,fit.measures=TRUE,standardized=TRUE)
```

```
lavaan 0.6-3 ended normally after 41 iterations

  Optimization method                        NLMINB
  Number of free parameters                      23


  Number of observations                        500


  Estimator                                      ML
  Model Fit Test Statistic                  207.254
  Degrees of freedom                             22
  P-value (Chi-square)                        0.000

Model test baseline model:

  Minimum Function Test Statistic          3564.054
  Degrees of freedom                             36
  P-value                                     0.000


User model versus baseline model:

  Comparative Fit Index (CFI)                 0.947
  Tucker-Lewis Index (TLI)                    0.914


Loglikelihood and Information Criteria:

  Loglikelihood user model (H0)           -4644.291
```

```
  Loglikelihood unrestricted model (H1)        -4540.664


  Number of free parameters                           23
  Akaike (AIC)                                  9334.583
  Bayesian (BIC)                                9431.519
  Sample-size adjusted Bayesian (BIC)           9358.515


Root Mean Square Error of Approximation:


  RMSEA                                            0.130
  90 Percent Confidence Interval         0.114   0.146
  P-value RMSEA <= 0.05                            0.000


Standardized Root Mean Square Residual:
  SRMR                                             0.057


Parameter Estimates:
  Information                                   Expected
  Information saturated (h1) model            Structured
  Standard Errors                               Standard


Latent Variables:
                  Estimate  Std.Err  z-value  P(>|z|)   Std.lv  Std.all
  L1 =~
    X1              1.000                                 0.939    0.931
    X2              0.894    0.041   21.909    0.000     0.839    0.808
  L2 =~
    X3              1.000                                 1.256    0.941
    X4              0.758    0.027   28.094    0.000     0.953    0.850
  L3 =~
    X5              1.000                                 0.762    0.827
    X6              0.926    0.041   22.435    0.000     0.705    0.863
    X7              0.887    0.044   20.219    0.000     0.676    0.798
  L4 =~
    X8              1.000                                 0.802    0.871
    X9              0.977    0.045   21.941    0.000     0.784    0.841


Regressions:
```

	Estimate	Std.Err	z-value	P(>|z|)	Std.lv	Std.all
L1 ~						
L3	0.932	0.054	17.134	0.000	0.756	0.756
L2 ~						
L1	0.591	0.066	8.911	0.000	0.442	0.442
L3	0.166	0.113	1.461	0.144	0.100	0.100
L4	0.788	0.088	8.972	0.000	0.503	0.503

Covariances:

	Estimate	Std.Err	z-value	P(>|z|)	Std.lv	Std.all
L3 ~~						
L4	0.481	0.042	11.552	0.000	0.787	0.787

Variances:

	Estimate	Std.Err	z-value	P(>|z|)	Std.lv	Std.all
.X1	0.136	0.028	4.925	0.000	0.136	0.133
.X2	0.373	0.032	11.844	0.000	0.373	0.346
.X3	0.205	0.032	6.439	0.000	0.205	0.115
.X4	0.349	0.028	12.609	0.000	0.349	0.278
.X5	0.267	0.022	11.964	0.000	0.267	0.315
.X6	0.171	0.016	10.660	0.000	0.171	0.256
.X7	0.261	0.021	12.734	0.000	0.261	0.364
.X8	0.205	0.023	8.893	0.000	0.205	0.242
.X9	0.254	0.024	10.459	0.000	0.254	0.292
.L1	0.378	0.040	9.356	0.000	0.428	0.428
.L2	0.206	0.036	5.729	0.000	0.130	0.130
L3	0.581	0.053	10.965	0.000	1.000	1.000
L4	0.643	0.055	11.605	0.000	1.000	1.000

구조방정식모델에 대한 카이제곱 통계량이 $\chi^2(df=22) = 207.254$로서 이때의 P-value는 0.000이다. 따라서 $\alpha = 0.05$일 때 그림 E7.1의 구조방정식모델은 표 E7.1의 공분산자료에 적합하다는 영가설을 기각할 수 있다. 카이제곱 통계량은 적합도 함수의 크기가 작더라도 표본의 크기가 아주 커지면 모든 영가설을 기각할 수 있다는 것에 주의해야 한다. 적합도 지수 CFI(=0.947)나 TLI(=0.914)의 값들은 양호한 편은 아니지만 나쁜 수준은 아니다. 자료로 주어진 공분산(표 E7.1)과 추정된 모수치들로부터 계산된 공분산의 차이를 나타내는 잔차행렬을 조사해 보면 다음과 같다.

```
resid(sem.fit)
$type
[1] "raw"
$cov
      X1      X2      X3      X4      X5      X6      X7      X8      X9
X1   0.000
X2   0.000   0.000
X3   0.064   0.057   0.054
X4   0.027   0.045   0.041   0.031
X5   0.028   0.055   0.083   0.026   0.000
X6  -0.042  -0.028  -0.057  -0.029  -0.019   0.000
X7  -0.051  -0.040  -0.067  -0.036  -0.036   0.072   0.000
X8   0.131   0.158   0.037   0.073   0.068  -0.026  -0.058   0.000
X9   0.051   0.108   0.056   0.018   0.039  -0.046  -0.078   0.000   0.000
```

표준화된 잔차행렬을 이용하여 계산되는 SRMR은 0.057이며 일반적인 기준인 0.05 값보다 조금 크다. 따라서 전반적으로 볼 때 구조방정식모델(그림 E7.1)은 공분산자료(표 7.1)를 적절히 설명한다고 할 수 있다. 표준화 모수치를 구조방정식모델과 함께 나타내면 그림 S7.1과 같다.

```
library(semPlot)
x11()
semPaths(sem.fit,whatLabels = "std", style="lisrel",layout="tree3")
```

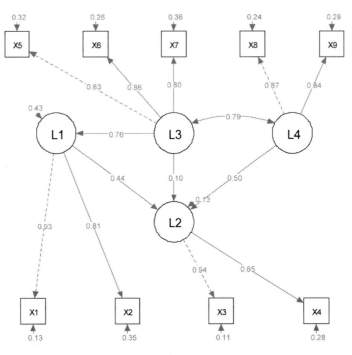

그림 S7.1

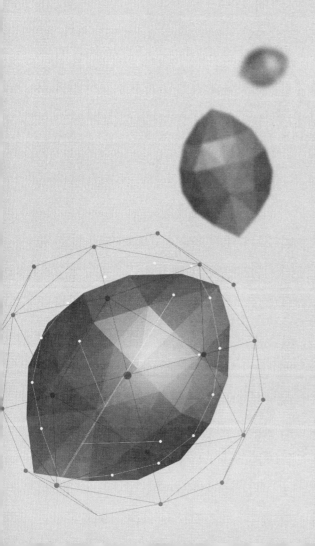

CHAPTER **8**

다중집단분석

변수들 간의 이론적 관계모델(경로모델, 측정모델, 구조방정식모델 등)이 다른 집단에서도 같은 결과를 보이는지 확인하는 것을 교차타당성 검증(cross validation)이라고 한다. 예를 들면 나이, 성별, 국가 등이 서로 다른 집단들에 대해 동일한 이론모델을 적용하였을 때 분석결과가 차이가 있는지에 대해 관심을 가질 수 있다. 교차타당성은 불변성(invariance) 혹은 동등성(equivalence)과 함께 사용 된다. 동일한 변수를 여러 집단에서 각각 다른 기구를 이용하여 측정하였을 때 값의 차이를 보인다면 이러한 차이가 집단 간 차이 때문인지 아니면 그 변수를 측정할 때의 사용된 기구의 차이에 의한 것인지를 판단하기 위해서는 동등성에 대한 정보가 필요하다. 즉, 변수를 측정하기 위해 사용된 기구는 측정값에 아무런 영향을 미치지 않는다는 불변성이 확보되면 집단 간의 차이를 비교할 수 있게 된다. 구조방정식모델의 동등성이란 모델의 전반적인 형태의 동일성뿐만 아니라 모델을 구성하는 요소들에 대한 동일성을 의미한다.

이론적인 관계모델의 동등성 검증은 다양한 목적으로 실시될 수 있다. 예들 들면, 표본자료에 대해 통계적으로 양호한 적합도를 가지는 것으로 판단되는 이론모델이 실제 모집단에서도 잘 부합되는 모델인지를 알아보기 위한 교차타당성에 대한 증거를 얻기 위해 실시할 수 있다. 또한, 교차타당성 조사를 통해 타당한 모델로 확인된 이론모델의 주요 변수들 사이의 관계의 정도를 나타내는 모수값들 중 일부 모수값들이 다중집단 간에 차이가 있는지 비교할 수 있다. 몇몇 주요 이론모델에 대해 다중집단 비교연구를 살펴보면 다음과 같다.

① 경로모델: 집단 간 모델의 형태동등성 검증, 모델의 형태 및 경로계수의 동등성 검증, 모델의 공분산 동등성 검증, 특정 경로계수들에 있어서 집단 간 동등성 확인 및 탐색

② CFA 모델: 집단 간 요인구조의 동등성 검증, 집단 간 요인부하량(인자적재치)의 동등성 검증, 집단 간 요인들 사이의 분산/공분산 동등성 검증, 집단 간 측정변수의 오차분산 동등성 검증

③ 구조방정식모델: 집단 간 구조방정식모델의 형태동등성 검증, 집단 간 측정모델의 요인부하량(인자적재치) 동등성 검증, 집단 간 경로계수의 동등성 검증, 집단 간 잠재변수 간 분산/공분산 동등성 검증, 집단 간 방해오차분산의 동등성 검증, 집단 간 측정오차분산의 동등성 검증

경로모델이나 CFA 모델은 구조방정식모델의 특수한 경우로 생각될 수 있으며 여기서는 CFA 모델을 이용한 다중집단분석을 중심으로 살펴보기로 한다.

8.1 평균과 절편이 고려되는 CFA 모델

CFA 모델을 활용하는 대부분의 연구들은 변수들 사이의 공분산분석에 초점을 두고 있지만, 연구가설이 집단 간 평균차이에 대한 검증과 관련될 경우에도 CFA 모델이 이용될 수 있다. CFA 모델을 이용하여 집단 간 평균의 차이를 검증할 경우, 모델 속에 포함된 측정모델을 통해 측정오차를 허용하는 이론변수의 평균을 추정하고 추정된 평균이 집단 간에 통계적으로 유의한 차이가 있는지를 검증할 수 있는 장점이 있다. 다중집단 사이의 차이를 분석할 때 일반적 t-검증이나 분산분석(Analysis of Variance, ANOVA)를 사용할 수 있지만 이들 방법은 관찰변수의 측정치에는 오류가 없다는 비현실적인 가정을 전제하고 있다. 또한 CFA 모델은 동시에 몇 개의 측정모델이라도 다룰 수 있으므로 측정오차를 고려하면서 분산분석은 물론 다변량분산분석(Multivariate Analysis of Variance, MAOVA), 다변량공분산분석(Mutivariate Analysis of Covariance, MANCOVA) 등에도 활용될 수 있다.

CFA 모델에서 다중집단 비교분석할 때 변수의 잠재변수의 평균과 측정변수의 절편이 고려되므로 비표준화 모수값이 사용되어야 한다. 그림 8.1은 잠재변수의 평균과 측정변수의 절편을 포함한 CFA 모델을 나타낸다. 삼각형(△)으로 표시된 것은 상수(constant) 변수를 나타낸다(상수는 변수는 아니지만 분석과정에서 변수처럼 다루어지기 때문에 상수변수라고 부름). 상수변수가 잠재변수에 미치는 직접효과인 μ는 잠재변수 Y의 평균에 해당하고, 상수변수가 측정변수에 미치는 직접적인 효과인 k_1, k_2, k_3는 각 측정변수 X_1, X_2, X_3의 절편을 나타내다. 측정변수의 평균은 다음의 규칙을 적용함으로써 계산될 수 있다.

• 측정변수로부터 상수변수까지의 경로를 추적하고 모두 합해준다. 이 때 경로는 단방향 화살표이어야 하며 진행방향은 화살표 방향과 반대이어야 한다.

위의 규칙을 이용하여 각 측정변수의 평균을 계산하면

$$\overline{x}_1 = a \times \mu + k_1, \ \overline{x}_2 = b \times \mu + k_2, \ \overline{x}_3 = c \times \mu + k_3 \tag{8.1}$$

이 된다. 즉, 측정변수의 평균은 잠재변수의 평균, 경로계수, 측정변수 절편의 함수임을 알 수 있다. 잠재변수의 평균과 측정변수의 절편이 고려되는 CFA 모델에서 모수가 추정 가능하기 위해서는 추정되어야 하는 모수의 수가 자료에 의해 제공되는 정보의 수보다 적거나 같아야 한다. 예를 들어 측정변수의 개수가 p인 CFA 모델에 대해서 측정변수 사이의 공분산과 각 측정변수의 평균으로부터 제공되는 자료의 수는 다음과 같다.

$$\frac{p(p+1)}{2} + p = \frac{p(p+3)}{2} \tag{8.2}$$

모수 추정을 위한 잠재변수에 대한 척도부여 방법은 가운데 흔히 사용되는 방법은 다음과 같이 평균과 절편이 고려되지 않는 경우와 유사하다.

- 잠재변수의 표준화: 잠재변수의 평균을 0으로 설정함으로써 모든 측정변수의 절편을 계산 가능하도록 한다.
- 기준변수 사용: 잠재변수에 척도를 부여하기 위해 그 잠재변수와 관련된 측정변수들 가운데 하나를 기준변수로 선택하여 인자적재치 1로 설정함으로써 그 잠재변수의 분산을 계산 가능하도록 한다.

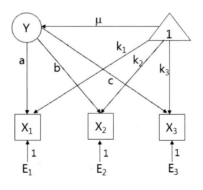

그림 8.1 잠재변수(Y)의 평균(μ)과 각 측정변수의 절편 k_1, k_2, k_3을 포함한 CFA 모델의 예.

8.2 CFA 모델의 동등성 검증

다중집단 간에 CFA 모델의 동등성 검증은 양자택일적 판단하기보다는 다음과 같이 제약조건에 따라 유연한 모델에서 엄격한 모델로 순차적으로 여러 수준으로 나누어 검증한다.

(가) 형태 동일성 검증(unconstrained model): 가장 기본적인 수준으로 비교하는 모든 집단에 대해 동일한 변수구조 관계를 가짐을 검증한다. 즉, 잠재변수와 측정변수의 개수가 같고 변수 간의 관계구조도 동일하며 아무런 제약도 설정되지 않는다.

(나) 인자적재치 동등성 검증(measurement weight model) : (가)의 동등성이 확인되면 측정모델의 잠재변수와 측정변수 사이의 인과적 관계 정도를 나타내는 인자적재치에 있어서도 집단 간에 동일한지를 검증한다. lavaan에서는 다음과 같이 설정할 수 있다.

```
cfa(model,...,group.equal="loading")
```

(다) 잠재변수 사이의 분산/공분산 동등성 검증: 순차적으로 (가)와 (나)의 동등성이 확인되면 잠재변수 사이의 분산/공분산도 집단 간에 동일한지를 검증한다. lavaan에서 다음과 같이 설정할 수 있다.

```
cfa(model,...,group.equal=c("loading","lv.variances"))
```

(라) 측정오차분산 동등성 검증: 순차적으로 (가), (나), (다)의 동등성이 확인되면 측정변수의 오차분산까지 집단 간에 동일한지를 검증한다. lavaan에서 다음과 같이 설정할 수 있다.

```
cfa(model,...,group.equal=c("loading","lv.variances","residuals"))
```

위에서 보는 바와 같이 lavaan의 cfa() 함수를 이용하여 다중집단에 대한 동등성을 검증할 때는 'group.equal' 인수를 적절히 지정해 주면 된다. 이외에도 측정변수 절편의 동등성은 group.equal="intercepts"로, 잠재변수의 평균에 대한 동등성은 group.equal="means"로 검증해 볼 수 있다.

8.3   R을 이용한 다중집단 비교분석

그림 8.2와 같은 CFA 모델에 대하여 R의 lavaan 패키지를 이용하여 집단 간의 동등성을 테스트하는 방법에 대하여 살펴보기로 하자.

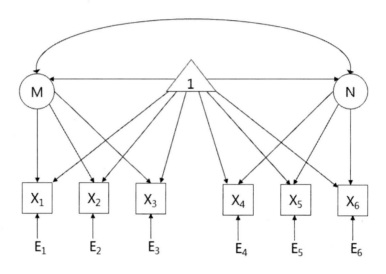

그림 8.2 잠재변수(M, N)의 평균과 측정변수($X_1, \ldots, X_6$) 절편이 고려된 CFA 모델.

공분산과 측정변수 평균이 표 8.1과 같은 두 집단 A, B에 그림 8.2의 CFA에 모델을 적용할 경우 어떠한 차이가 있는지를 분석하고자 한다. lavaan에서 그림 8.2의 CFA 모델을 정의해 보면 다음과 같다.

```
model <- '
M =~ X1 + X2 + X3
N =~ X4 + X5 + X6
'
```

위에서 보는 바와 같이 상수변수(△)를 통해 나타내는 측정변수의 절편은 대한 설정은 따로 하지 않고 cfa() 함수의 인수부분(sample.mean)을 지정해 주면 된다. 잠재변수의 평균은 일반적으로 0으로 고정된다. 이것은 잠재변수는 실제 변수가 아니라 이론적으로 가정된 변수이므로 척도를 부여하기 위해 임의의 값 중에 편리한 값인 0을 선택하기 때

문이다. 잠재변수의 평균을 0으로 고정하게 되면 측정변수의 절편은 곧 측정변수의 평균
이 된다(식 8.1).

표 8.1 두 집단 A, B에서 측정변수들의 공분산과 평균에 대한 자료.

집단		X_1	X_2	X_3	X_4	X_5	X_6
A (n=100)	X_1	9.46					
	X_2	7.67	12.56				
	X_3	6.52	8.85	10.21			
	X_4	3.18	4.82	4.61	6.10		
	X_5	3.51	4.90	4.79	5.21	15.70	
	X_6	3.70	5.54	5.32	3.68	6.31	11.32
	평균	10.19	12.17	10.15	10.80	11.34	10.20
		X_1	X_2	X_3	X_4	X_5	X_6
B (n=200)	X_1	9.51					
	X_2	5.94	8.31				
	X_3	6.22	6.36	8.95			
	X_4	4.56	4.44	4.61	10.34		
	X_5	3.57	2.86	2.87	3.90	10.99	
	X_6	5.17	4.83	4.18	5.32	3.49	11.66
	평균	10.15	10.28	9.78	10.15	10.15	9.95

먼저 다음의 R 코드를 통해 두 집단에 대해 CFA 모델에 대한 형태 동일성을 검증해 보자.

```
library(lavaan)
## A 집단의 자료
A.cov=lav_matrix_lower2full(
        c(9.46,
          7.67,12.56,
          6.52,8.85,10.21,
          3.18,4.82,4.61,6.10,
```

```
          3.51,4.90,4.79,5.21,15.70,
          3.70,5.54,5.32,3.68,6.31,11.32))
A.means=c(10.19,12.17,10.15,10.80,11.34,10.20)
names(A.means)=c("X1","X2","X3","X4","X5","X6")
colnames(A.cov) <- rownames(A.cov) <- names(A.means)
## B 집단의 자료
B.cov=lav_matrix_lower2full(
        c(9.51,
          5.94,8.31,
          6.22,6.36,8.95,
          4.56,4.44,4.61,10.34,
          3.57,2.86,2.87,3.90,10.99,
          5.17,4.83,4.18,5.32,3.49,11.66))
B.means=c(10.15,10.28,9.78,10.15,10.15,9.95)
names(B.means)=names(A.means)
colnames(B.cov) <- rownames(B.cov) <- names(B.means)
# 두 집단의 자료를 리스트로 만들기
grp.cov=list(Agrp=A.cov,Bgrp=B.cov)
grp.means=list(Agrp=A.means,Bgrp=B.means)
grp.n=list(Agrp=100,Bgrp=200)
#모델정의
model <- '
M =~ X1 + X2 + X3
N =~ X4 + X5 + X6
'
levelA.fit=cfa(model,sample.cov=grp.cov,sample.mean=grp.means,
               sample.nobs=grp.n)
```

```
lavaan 0.6-3 ended normally after 97 iterations

  Optimization method                        NLMINB
  Number of free parameters                     38   # 추정될 모수의 개수
  Number of observations per group      # 각 집단의 표본크기
  Agrp                                         100   # A 집단
  Bgrp                                         200   # B 집단

  Estimator                                     ML
  Model Fit Test Statistic                  20.768
  Degrees of freedom                            16   # 자유도
```

```
   P-value (Chi-square)                        0.188


Chi-square for each group:
   Agrp                                     10.817 # A 집단에 대한 χ²
   Bgrp                                      9.951 # B 집단에 대한 χ²


Model test baseline model:
   Minimum Function Test Statistic          788.415
   Degrees of freedom                           30
   P-value                                   0.000


User model versus baseline model:
   Comparative Fit Index (CFI)               0.994
   Tucker-Lewis Index (TLI)                  0.988


Loglikelihood and Information Criteria:
   Loglikelihood user model (H0)         -4243.780
   Loglikelihood unrestricted model (H1) -4233.396

   Number of free parameters                    38
   Akaike (AIC)                           8563.560
   Bayesian (BIC)                         8704.304
   Sample-size adjusted Bayesian (BIC)    8583.790


Root Mean Square Error of Approximation:
   RMSEA                                     0.045
   90 Percent Confidence Interval    0.000   0.093
   P-value RMSEA <= 0.05                     0.523


Standardized Root Mean Square Residual:
   SRMR                                      0.026


Parameter Estimates:
   Information                            Expected
   Information saturated (h1) model     Structured
   Standard Errors                       Standard


# A 집단에 대한 분석결과
Group 1 [Agrp]:
```

Latent Variables:

	Estimate	Std.Err	z-value	P(>|z|)	Std.lv	Std.all
M =~						
X1	1.000				2.334	0.763
X2	1.352	0.147	9.196	0.000	3.157	0.895
X3	1.199	0.132	9.088	0.000	2.799	0.880
N =~						
X4	1.000				1.931	0.786
X5	1.312	0.232	5.657	0.000	2.533	0.643
X6	1.111	0.197	5.643	0.000	2.145	0.641

Covariances:

	Estimate	Std.Err	z-value	P(>|z|)	Std.lv	Std.all
M ~~						
N	3.433	0.747	4.598	0.000	0.762	0.762

Intercepts:

	Estimate	Std.Err	z-value	P(>|z|)	Std.lv	Std.all
.X1	10.190	0.306	33.297	0.000	10.190	3.330
.X2	12.170	0.353	34.513	0.000	12.170	3.451
.X3	10.150	0.318	31.925	0.000	10.150	3.193
.X4	10.800	0.246	43.948	0.000	10.800	4.395
.X5	11.340	0.394	28.764	0.000	11.340	2.876
.X6	10.200	0.335	30.469	0.000	10.200	3.047
M	0.000				0.000	0.000
N	0.000				0.000	0.000

Variances:

	Estimate	Std.Err	z-value	P(>|z|)	Std.lv	Std.all
.X1	3.918	0.653	5.999	0.000	3.918	0.418
.X2	2.470	0.659	3.749	0.000	2.470	0.199
.X3	2.275	0.547	4.160	0.000	2.275	0.225
.X4	2.311	0.562	4.114	0.000	2.311	0.383
.X5	9.125	1.574	5.799	0.000	9.125	0.587
.X6	6.606	1.137	5.812	0.000	6.606	0.589
M	5.448	1.252	4.352	0.000	1.000	1.000
N	3.728	0.912	4.089	0.000	1.000	1.000

B 집단에 대한 분석결과

```
Group 2 [Bgrp]:
Latent Variables:
                  Estimate  Std.Err  z-value  P(>|z|)   Std.lv  Std.all
  M =~
    X1              1.000                                 2.450    0.796
    X2              1.008    0.078   12.840    0.000      2.469    0.859
    X3              1.031    0.081   12.681    0.000      2.525    0.846
  N =~
    X4              1.000                                 2.307    0.719
    X5              0.682    0.120    5.682    0.000      1.574    0.476
    X6              1.005    0.132    7.602    0.000      2.318    0.680


Covariances:
                  Estimate  Std.Err  z-value  P(>|z|)   Std.lv  Std.all
  M ~~
    N               4.487    0.707    6.347    0.000      0.794    0.794

Intercepts:
                  Estimate  Std.Err  z-value  P(>|z|)   Std.lv  Std.all
   .X1             10.150    0.218   46.664    0.000     10.150    3.300
   .X2             10.280    0.203   50.559    0.000     10.280    3.575
   .X3              9.780    0.211   46.348    0.000      9.780    3.277
   .X4             10.150    0.227   44.752    0.000     10.150    3.164
   .X5             10.150    0.234   43.408    0.000     10.150    3.069
   .X6              9.950    0.241   41.312    0.000      9.950    2.921
    M               0.000                                 0.000    0.000
    N               0.000                                 0.000    0.000


Variances:
                  Estimate  Std.Err  z-value  P(>|z|)   Std.lv  Std.all
   .X1              3.460    0.453    7.647    0.000      3.460    0.366
   .X2              2.174    0.355    6.131    0.000      2.174    0.263
   .X3              2.531    0.389    6.504    0.000      2.531    0.284
   .X4              4.967    0.747    6.645    0.000      4.967    0.483
   .X5              8.456    0.926    9.135    0.000      8.456    0.773
   .X6              6.229    0.849    7.335    0.000      6.229    0.537
    M               6.002    0.928    6.470    0.000      1.000    1.000
    N               5.322    1.060    5.020    0.000      1.000    1.000
```

　공분산자료와 함께 cfa() 함수를 이용하여 다집단 비교분석 할 때 주의할 것은 각 집단의 공분산행렬, 측정변수의 평균, 샘플의 크기는 모두 리스트 원소로 지정되어야 한다. 따라서 위의 코드에서 cfa() 함수의 인수로 사용된 grp.cov, grp.means, grp.n은 모두 리스트이다.

　그림 8.2의 모델에서 추정될 모수는 다음과 같이 모두 19개이다($E_1, E_2, ..., E_6$의 분산: 6개, 잠재변수의 인자적재치: 4개(기준변수에 대한 인자적재치는 1로 고정), 잠재변수의 분산 및 공분산: 3개, 측정변수의 절편(6개)). 한 집단에 대한 추정될 모수가 19개이므로 두 집단의 경우는 $19 \times 2 = 38$이 된다. 각 집단에 대해 공분산 및 평균으로부터 주어지는 정보의 개수는 $6 \times 9/2 = 27$이므로 두 집단에 대해서는 $27 \times 2 = 54$가 된다. 따라서 자유도는 $54 - 38 = 16$이 된다.

　두 집단에 대해 형태 동일성을 가정할 때 카이제곱 통계량은 20.768으로서 각 집단에 적용하였을 카이제곱 통계량의 합과 같으며, 이때의 P-value는 0.188로서 유의수준 $\alpha = 0.05$보다 크다(A 집단 카이제곱 통계량: 10.817, B 집단 카이제곱 통계량: 9.951). 따라서 CFA 모델의 형태 동일성을 가정할 때 두 집단 사이에 교차타당성이 있다는 영가설(H_0)을 지지한다. 적합도 지수들의 값들을 살펴보면 CFI=0.994, TLI=0.988, RMSEA=0.045, SRMR=0.026으로 모두 양호한 값들을 보이고 있다. 따라서 두 집단 사이에 교차타당성은 있는 것으로 판단할 수 있으며 그림 8.2의 CFA 모델은 A 집단뿐만 아니라 B 집단에도 적용가능하다고 할 수 있다. 두 집단에 대해 추정된 모수의 값을 semPlot 패키지를 이용하여 나타내보면 그림 8.3과 같다.

```
library(semPlot)
x11()
semPaths(levelA.fit,whatLabels = "est", style="lisrel",label.cex=1.5,
        layout="tree3",panelGroups="TRUE",edge.label.cex=1.0)
```

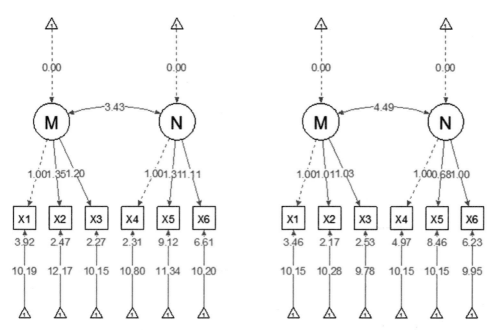

그림 8.3 동일한 CFA 모델에 대해 추정된 두 집단의 모수. 왼쪽: A 집단, 오른쪽: B 집단.

두 집단 사이에서 나타난 구체적인 모수들은 서로 다르지만 잠재변수와 측정변수의 연결형태가 동등성을 검증하였으므로 이제 잠재변수의 설명력을 설명하는 인자적재치도 두 집단 사이에 동일하다고 할 수 있는지 검증해 보자. cfa() 함수에서 인자적재치에 대한 동등성을 설정할 때는 다음과 같이 인수부분에 'group.equal=c("loadings")'을 추가해 주면 된다.

```
levelB.fit=cfa(model,sample.cov=grp.cov,sample.mean=grp.means,
          sample.nobs=grp.n,group.equal=c("loadings"))
fit.indices=c("chisq","df","pvalue","cfi","tli","rmsea","srmr")
fitMeasures(levelB.fit,fit.indices)
chisq    df   pvalue   cfi    tli   rmsea   srmr
32.646 20.000  0.037   0.983  0.975  0.065   0.056
```

위의 결과에서 levelB.fit는 두 집단의 인자적재치가 동일하다는 설정을 지정하였을 때의 결과이며 P-value가 0.037로서 유의수준 $\alpha = 0.05$보다 작다. 따라서 두 집단의 인자적재치에 대한 교차타당성이 있다는 영가설(H_0)을 기각한다. 또한 적합도 지수 CFI와

TLI의 값은 양호하지만 RMSEA와 SRMR은 좋지 않음을 알 수 있다. 따라서 두 집단에서 잠재변수의 설명력은 다를 수 있다고 판단할 수 있다. 형태 동등성을 가정한 결과인 levelA.fit와 형태 동등성과 더불어 인자적재치의 동등성을 가정한 결과인 levelB.fit가 서로 유의하게 다른지를 평가하기 위해 다음과 같이 anova() 함수를 사용할 수도 있다.

```
anova(levelA.fit,levelB.fit)
Chi Square Difference Test
             Df    AIC    BIC  Chisq Chisq diff Df diff Pr(>Chisq)
levelA.fit 16 8563.6 8704.3 20.768
levelB.fit 20 8567.4 8693.4 32.646     11.878        4    0.01828 *
---
Signif. codes:  0 '***' 0.001 '**' 0.01 '*' 0.05 '.' 0.1 ' ' 1
```

위의 결과에서 알 수 있듯이 levelA.fit와 levelB는 유의수준 $\alpha = 0.05$에서 통계적으로 유의미하게 다르다고 할 수 있다. 즉, 두 집단에 대해 CFA 모델의 형태 동등성은 가정될 수 있지만 추가적으로 인자적재치의 동등성은 가정될 수 없다고 할 수 있다.

8.1 그림 E8.1의 구조방정식모델은 측정변수 $X_1, \ldots, X_{12}$와 잠재변수 V, W, Y, Z로 구성되어 있다. 회귀계수 $\alpha, \beta, \gamma, \delta, \lambda$를 이용하면 잠재변수 V가 잠재변수 Z에 미치는 효과를 계산해 볼 수 있다. 즉, 잠재변수 V가 잠재변수 Z에 미치는 직접적인 효과의 크기는 β로, 간접적인 효과의 크기는 $\alpha\delta + \gamma\lambda$로, 총 효과의 크기는 $\beta + (\alpha\delta + \gamma\lambda)$로 나타낼 수 있다. $\alpha\delta$는 잠재변수 V가 잠재변수 W를 통해 간접적으로 잠재변수 Z에 미치는 영향을, $\gamma\lambda$는 잠재변수 V가 잠재변수 Y를 통해 간접적으로 잠재변수 Z에 미치는 영향을 나타낸다. 두 집단 A, B에서 얻어진 공분산자료와 각 측정변수에 대한 자료가 각각 표 E8.A과 표 E8.B와 같이 주어질 때 그림 E8.1의 구조방정식모델을 이용하여 잠재변수 V가 잠재변수 Z에 미치는 직접효과, 간접효과 및 총효과가 유의수준 5%($\alpha = 0.05$)에서 두 집단 간에 유의한 차이가 있는지를 검증해 보라.

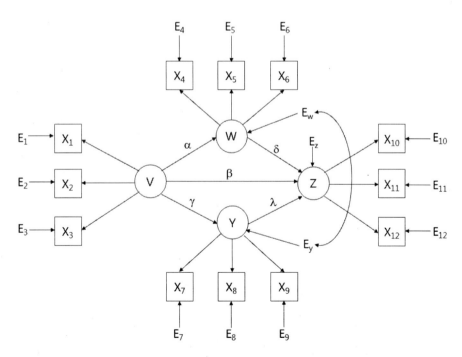

그림 E8.1 측정변수 $X_1, \ldots, X_{12}$와 잠재변수 V, W, Y, Z로 구성된 구조방정식모델.

표 E8.A 집단 A에서 측정된 공분산 자료(n=150)

	X_1	X_2	X_3	X_4	X_5	X_6	X_7	X_8	X_9	X_{10}	X_{11}	X_{12}
X_1	1.53											
X_2	0.77	1.48										
X_3	0.86	0.84	1.65									
X_4	0.30	0.31	0.32	1.54								
X_5	0.20	0.21	0.22	0.74	1.59							
X_6	0.21	0.24	0.20	0.75	0.78	1.44						
X_7	0.41	0.24	0.36	0.44	0.32	0.33	1.56					
X_8	0.51	0.34	0.47	0.39	0.38	0.31	0.88	1.77				
X_9	0.32	0.33	0.40	0.36	0.32	0.22	0.81	0.82	1.55			
X_{10}	0.29	0.28	0.24	0.36	0.37	0.27	0.36	0.26	0.22	1.68		
X_{11}	0.29	0.31	0.44	0.31	0.32	0.29	0.49	0.44	0.37	0.93	1.61	
X_{12}	0.34	0.32	0.35	0.28	0.23	0.28	0.40	0.43	0.30	0.73	0.72	1.48
평균	4.06	4.07	4.08	4.04	4.08	4.05	4.17	4.08	4.09	4.04	4.14	4.10

표 E8.B 집단 B에서 측정된 공분산 자료 (n=150)

	X_1	X_2	X_3	X_4	X_5	X_6	X_7	X_8	X_9	X_{10}	X_{11}	X_{12}
X_1	1.58											
X_2	0.87	1.72										
X_3	0.79	0.81	1.48									
X_4	0.17	0.31	0.18	1.67								
X_5	0.23	0.27	0.19	0.88	1.58							
X_6	0.21	0.24	0.07	0.88	0.79	1.57						
X_7	0.15	0.11	0.21	0.08	0.01	0.02	1.46					
X_8	0.28	0.18	0.29	0.06	0.04	0.05	0.64	1.56				
X_9	0.17	0.08	0.17	0.12	0.07	0.01	0.76	0.77	1.71			
X_{10}	0.22	0.27	0.10	0.22	0.24	0.26	0.11	0.08	0.03	1.65		
X_{11}	0.29	0.33	0.21	0.23	0.28	0.25	0.24	0.20	0.18	0.80	1.50	
X_{12}	0.22	0.31	0.12	0.30	0.27	0.25	0.23	0.15	0.12	0.90	0.86	1.68
평균	4.91	4.90	4.87	4.92	4.76	4.86	4.93	4.94	4.92	4.98	4.96	4.91

풀이

두 집단에 대해 그림 E8.1의 구조방정식모델에서 잠재변수 사이의 영향력을 비교하기 전에 먼저 모형(형태) 동일성이 검증되어야 한다. 즉, 두 집단에 대해 구조방정식모델의 구체적인 모수는 다르더라도 잠재변수와 측정변수를 포함한 변수 사이의 관계구조는 동일하다고 할 수 있는지를 살펴보아야 한다. CFA의 모델에서 대해 형태 동일성을 검증할 때 cfa() 함수를 사용한 것과 같이 구조방정식모델에 대해서는 sem() 함수를 이용하여 동등성을 검증할 수 있다. 사실 lavaan에서 cfa() 함수나 sem() 함수는 사용자 편리를 위해 구분할 뿐 현재로서는 동일한 기능을 가진다. 즉, CFA 모델 분석을 위해 sem() 함수를 이용할 수도 있고, 구조방정식모델 분석을 위해 cfa() 함수를 이용할 수도 있다. 여기서는 그림 E8.1이 구조방정식이므로 sem() 함수를 이용하여 동일성을 검증하기로 한다. 아래의 R 코드를 이용해 보자.

```
library(lavaan)
# A 집단에 대한 측정변수의 공분산과 평균에 대한 자료
A.cov=lav_matrix_lower2full(
  c(1.53,
    0.77,1.48,
    0.86,0.84,1.65,
    0.30,0.31,0.32,1.54,
    0.20,0.21,0.22,0.74,1.59,
    0.21,0.24,0.20,0.75,0.78,1.44,
    0.41,0.24,0.36,0.44,0.32,0.33,1.56,
    0.51,0.34,0.47,0.39,0.38,0.31,0.88,1.77,
    0.32,0.33,0.40,0.36,0.32,0.22,0.81,0.82,1.55,
    0.29,0.28,0.24,0.36,0.37,0.27,0.36,0.26,0.22,1.68,
    0.29,0.31,0.44,0.31,0.32,0.29,0.49,0.44,0.37,0.93,1.61,
    0.34,0.32,0.35,0.28,0.23,0.28,0.40,0.43,0.30,0.73,0.72,1.48))
A.means=c(4.06,4.07,4.08,4.04,4.08,4.05,4.17,4.08,4.09,4.04,4.14,4.10)
names(A.means)=c("X1","X2","X3","X4","X5","X6","X7","X8","X9","X10","X11","X
12")
colnames(A.cov) <- rownames(A.cov) <- names(A.means)
# B 집단에 대한 측정변수의 공분산과 평균에 대한 자료
B.cov=lav_matrix_lower2full(
  c(1.58,
```

```
    0.87,1.72,
    0.79,0.81,1.48,
    0.17,0.31,0.18,1.67,
    0.23,0.27,0.19,0.88,1.58,
    0.21,0.24,0.07,0.88,0.79,1.57,
    0.15,0.11,0.21,0.08,0.01,0.02,1.46,
    0.28,0.18,0.29,0.06,0.04,0.05,0.64,1.56,
    0.17,0.08,0.17,0.12,0.07,0.01,0.76,0.77,1.71,
    0.22,0.27,0.10,0.22,0.24,0.26,0.11,0.08,0.03,1.65,
    0.29,0.33,0.21,0.23,0.28,0.25,0.24,0.20,0.18,0.80,1.50,
    0.22,0.31,0.12,0.30,0.27,0.25,0.23,0.15,0.12,0.90,0.86,1.68))
B.means=c(4.91,4.90,4.87,4.92,4.76,4.86,4.93,4.94,4.92,4.98,4.96,4.91)
names(B.means)=names(A.means)
colnames(B.cov) <- rownames(B.cov) <- names(B.means)
# A, B 집단의 공분산, 평균, 표본크기에 대한 자료를 리스트로 작성
grp.cov=list(Agrp=A.cov,Bgrp=B.cov)
grp.means=list(Agrp=A.means,Bgrp=B.means)
grp.n=list(Agrp=150,Bgrp=150)
# 그림 E8.1의 구조방정식모델 정의
model1 <- '
# 잠재변수와 측정변수 사이의 관계
V =~ X1 + X2 + X3
W =~ X4 + X5 + X6
Y =~ X7 + X8 + X9
Z =~ X10 + X11 + X12
# 잠재변수 사이의 구조관계
W ~ V; Y ~ V
Z ~ W + V + Y
# 잠재변수의 방해오차 사이의 상관관계
W ~~ Y
'
Model.fit1=sem(model1,sample.cov=grp.cov,sample.nobs=grp.n,
        sample.mean=grp.means)
fit.indices=c("chisq","df","pvalue","cfi","tli","rmsea","srmr")
fitMeasures(Model.fit1,fit.indices)
```

```
  chisq     df  pvalue    cfi    tli  rmsea   srmr
 36.878 96.000   1.000  1.000  1.093  0.000  0.029
```

위의 결과에서 형태 동일성을 가정할 때 카이제곱 통계량은 36.878이며 이때의 P-value 는 1.0이다. 또한, 적합도 지수 CFI, TLI, RMSEA, SRMR의 값이 양호함을 알 수 있다. 따라서 구조방정식모델은 형태 동일성에 대해 두 집단 사이에 교차타당성이 있다고 할 수 있다. 즉, 그림 8.1의 모델은 두 집단 모두에 적용 가능함을 알 수 있다. 이제 잠재변 수 V가 잠재변수 Z에 미치는 직접효과, 간접효과 및 총 효과에 대한 집단 간의 차이를 나타내는 새로운 변수를 다음과 같이 정의해 보자.

diffDE := $\beta1 - \beta2$ (두 집단에서 직접효과의 차이)

diffIE := $(\alpha1\delta1 + \gamma1\lambda1) - (\alpha2\delta2 + \gamma2\lambda2)$ (두 집단에서 간접효과의 차이)

diffTE := $(\beta1 + \alpha1\delta1 + \gamma1\lambda1) - (\beta2 + \alpha2\delta2 + \gamma2\lambda2)$ (두 집단에서 총효과의 차이)

여기에서

- $\beta1$: 집단 A에서 잠재변수 V가 잠재변수 Z에 직접적으로 미치는 영향

- $\beta2$: 집단 B에서 잠재변수 V가 잠재변수 Z에 직접적으로 미치는 영향

- $\alpha1\delta1$: 집단 A에서 잠재변수 V가 잠재변수 W를 통해 잠재변수 Z에 간접적으로 미 치는 영향

- $\alpha2\delta2$: 집단 B에서 잠재변수 V가 잠재변수 W를 통해 잠재변수 Z에 간접적으로 미 치는 영향

- $\gamma1\lambda1$: 집단 A에서 잠재변수 V가 잠재변수 Y를 통해 잠재변수 Z에 간접적으로 미 치는 영향

- $\gamma2\lambda2$: 집단 B에서 잠재변수 V가 잠재변수 Y를 통해 잠재변수 Z에 간접적으로 미 치는 영향

새롭게 도입된 변수를 추가하여 모델을 수정한 뒤 모수를 추정하면 다음과 같다.

```
model2 <- '
V =~ X1 + X2 + X3
W =~ X4 + X5 + X6
Y =~ X7 + X8 + X9
Z =~ X10 + X11 + X12
```

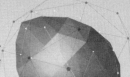

```
W ~~ Y
#회귀계수에 라벨부여
W ~ c(alpha1,alpha2)*V ; Y ~ c(gamma1,gamma2)*V; Z ~ c(beta1,beta2)*V
Z ~ c(delta1,delta2)*W; Z ~ c(lambda1,lambda2)*Y
# 직접효과의 차이 계산
DE1 := beta1 ; DE2 := beta2
diffDE := DE1 - DE2   # 두 집단 사이의 직접효과 차이
# 간접효과의 차이 계산
IE1w := alpha1*delta1; IE1y := gamma1*lambda1
IE1 := IE1w+IE1y
IE2w := alpha2*delta2; IE2y := gamma2*lambda2
IE2 := IE2w+IE2y
diffIEw := IE1w-IE2w
diffIEy := IE1y - IE2y
diffIE := IE1 - IE2 # 두 집단 사이의 간접효과 차이
# 총 효과의 차이 계산
TE1 := DE1 + IE1 ; TE2 := DE2 + IE2
diffTE := TE1 - TE2 # 두 집단 사이의 총효과 차이
'

Model.fit2=sem(model2,sample.cov=grp.cov,sample.nobs=grp.n,
        sample.mean=grp.means)
summary(Model.fit2,fit.measures=TRUE)
```

```
lavaan 0.6-3 ended normally after 48 iterations


Optimization method                    NLMINB
Number of free parameters                84


Number of observations per group
Agrp                                     150
Bgrp                                     150


Estimator                                 ML
Model Fit Test Statistic              36.878
Degrees of freedom                        96
P-value (Chi-square)                   1.000
```

```
Chi-square for each group:

  Agrp                                      21.774
  Bgrp                                      15.104

Model test baseline model:

  Minimum Function Test Statistic         1004.500
  Degrees of freedom                           132
  P-value                                    0.000

User model versus baseline model:

  Comparative Fit Index (CFI)                1.000
  Tucker-Lewis Index (TLI)                   1.093

Loglikelihood and Information Criteria:

  Loglikelihood user model (H0)          -5438.603
  Loglikelihood unrestricted model (H1)  -5420.164

  Number of free parameters                     84
  Akaike (AIC)                           11045.205
  Bayesian (BIC)                         11356.323
  Sample-size adjusted Bayesian (BIC)    11089.924

Root Mean Square Error of Approximation:

  RMSEA                                      0.000
  90 Percent Confidence Interval    0.000   0.000
  P-value RMSEA <= 0.05                      1.000

Standardized Root Mean Square Residual:

  SRMR                                       0.029

Parameter Estimates:
```

```
Information                              Expected
Information saturated (h1) model       Structured
Standard Errors                         Standard



Group 1 [Agrp]:


Latent Variables:
                 Estimate  Std.Err  z-value  P(>|z|)
  V =~
    X1             1.000
    X2             0.955    0.138    6.931    0.000
    X3             1.083    0.152    7.102    0.000
  W =~
    X4             1.000
    X5             1.001    0.157    6.381    0.000
    X6             0.986    0.153    6.445    0.000
  Y =~
    X7             1.000
    X8             1.023    0.146    7.016    0.000
    X9             0.913    0.133    6.849    0.000
  Z =~
    X10            1.000
    X11            1.052    0.155    6.777    0.000
    X12            0.830    0.132    6.302    0.000


Regressions:
                 Estimate  Std.Err  z-value  P(>|z|)
  W ~
    V     (alp1)   0.301    0.109    2.769    0.006
  Y ~
    V     (gmm1)   0.469    0.118    3.978    0.000
  Z ~
    V     (bet1)   0.209    0.123    1.704    0.088
    W     (dlt1)   0.218    0.126    1.728    0.084
    Y     (lmb1)   0.268    0.129    2.071    0.038


Covariances:
```

	Estimate	Std.Err	z-value	P(>|z|)
.W ~~				
.Y	0.235	0.088	2.668	0.008

Intercepts:

	Estimate	Std.Err	z-value	P(>|z|)
.X1	4.060	0.101	40.335	0.000
.X2	4.070	0.099	41.111	0.000
.X3	4.080	0.105	39.032	0.000
.X4	4.040	0.101	40.005	0.000
.X5	4.080	0.103	39.761	0.000
.X6	4.050	0.098	41.474	0.000
.X7	4.170	0.102	41.027	0.000
.X8	4.080	0.108	37.685	0.000
.X9	4.090	0.101	40.370	0.000
.X10	4.040	0.105	38.302	0.000
.X11	4.140	0.103	40.095	0.000
.X12	4.100	0.099	41.414	0.000
V	0.000			
.W	0.000			
.Y	0.000			
.Z	0.000			

Variances:

	Estimate	Std.Err	z-value	P(>|z|)
.X1	0.721	0.123	5.843	0.000
.X2	0.742	0.120	6.184	0.000
.X3	0.703	0.133	5.286	0.000
.X4	0.771	0.133	5.816	0.000
.X5	0.819	0.137	5.989	0.000
.X6	0.692	0.124	5.582	0.000
.X7	0.681	0.126	5.413	0.000
.X8	0.850	0.143	5.924	0.000
.X9	0.816	0.127	6.416	0.000
.X10	0.809	0.141	5.732	0.000
.X11	0.648	0.137	4.733	0.000
.X12	0.878	0.128	6.887	0.000
V	0.799	0.179	4.453	0.000

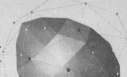

```
  .W                  0.686    0.168    4.092    0.000
  .Y                  0.692    0.160    4.327    0.000
  .Z                  0.621    0.153    4.054    0.000



Group 2 [Bgrp]:

Latent Variables:
                   Estimate  Std.Err  z-value  P(>|z|)
  V =~
    X1                1.000
    X2                1.033    0.155    6.658    0.000
    X3                0.919    0.139    6.592    0.000
  W =~
    X4                1.000
    X5                0.911    0.133    6.839    0.000
    X6                0.902    0.132    6.827    0.000
  Y =~
    X7                1.000
    X8                1.022    0.186    5.512    0.000
    X9                1.159    0.211    5.507    0.000
  Z =~
    X10               1.000
    X11               0.987    0.145    6.818    0.000
    X12               1.085    0.158    6.858    0.000

Regressions:
                   Estimate  Std.Err  z-value  P(>|z|)
  W ~
    V       (alp2)    0.265    0.116    2.291    0.022
  Y ~
    V       (gmm2)    0.200    0.099    2.028    0.043
  Z ~
    V       (bet2)    0.182    0.110    1.646    0.100
    W       (dlt2)    0.223    0.101    2.215    0.027
    Y       (lmb2)    0.148    0.124    1.194    0.232

Covariances:
```

```
                Estimate  Std.Err  z-value  P(>|z|)
 .W ~~
   .Y            0.009    0.083    0.106    0.915

Intercepts:
                Estimate  Std.Err  z-value  P(>|z|)
   .X1           4.910    0.102    48.001   0.000
   .X2           4.900    0.107    45.912   0.000
   .X3           4.870    0.099    49.192   0.000
   .X4           4.920    0.105    46.785   0.000
   .X5           4.760    0.102    46.535   0.000
   .X6           4.860    0.102    47.663   0.000
   .X7           4.930    0.098    50.138   0.000
   .X8           4.940    0.102    48.603   0.000
   .X9           4.920    0.106    46.234   0.000
   .X10          4.980    0.105    47.641   0.000
   .X11          4.960    0.100    49.766   0.000
   .X12          4.910    0.105    46.551   0.000
    V            0.000
   .W            0.000
   .Y            0.000
   .Z            0.000

Variances:
                Estimate  Std.Err  z-value  P(>|z|)
   .X1           0.724    0.135    5.368    0.000
   .X2           0.806    0.147    5.498    0.000
   .X3           0.757    0.126    6.025    0.000
   .X4           0.697    0.141    4.956    0.000
   .X5           0.771    0.131    5.868    0.000
   .X6           0.777    0.131    5.946    0.000
   .X7           0.809    0.140    5.799    0.000
   .X8           0.879    0.149    5.918    0.000
   .X9           0.837    0.169    4.961    0.000
   .X10          0.830    0.136    6.089    0.000
   .X11          0.702    0.124    5.660    0.000
   .X12          0.718    0.140    5.138    0.000
    V            0.845    0.192    4.392    0.000
```

```
.W              0.902    0.199    4.534    0.000
.Y              0.607    0.166    3.660    0.000
.Z              0.688    0.166    4.135    0.000

Defined Parameters:
                Estimate Std.Err  z-value  P(>|z|)
    DE1         0.209    0.123    1.704    0.088
    DE2         0.182    0.110    1.646    0.100
    diffDE      0.027    0.165    0.165    0.869
    IE1w        0.066    0.043    1.522    0.128
    IE1y        0.126    0.066    1.906    0.057
    IE1         0.192    0.071    2.690    0.007
    IE2w        0.059    0.036    1.653    0.098
    IE2y        0.030    0.028    1.063    0.288
    IE2         0.089    0.046    1.922    0.055
    diffIEw     0.007    0.056    0.117    0.906
    diffIEy     0.096    0.072    1.342    0.180
    diffIE      0.103    0.085    1.210    0.226
    TE1         0.401    0.117    3.421    0.001
    TE2         0.271    0.108    2.516    0.012
    diffTE      0.130    0.159    0.818    0.414
```

위에서 집단 간 잠재변수 사이의 영향력의 차이를 알아보기 위해 새롭게 변수를 추가한 model2를 이용하거나 추가된 변수가 없이 정의된 model1을 이용하든지 각 집단에 대하여 추정된 구조방정식모델의 모수는 동일하다. 따라서 모델의 자유도도 변하지 않는다. 단지 model2에서는 구조방정식모델의 모수를 이용하여 계산하고자 하는 새로운 변수를 지정함으로써 새로운 변수의 추정값은 물론 그 값의 통계적 유의성까지 동시에 계산하여 준다. 모델정의 부분에서 새로운 변수를 지정해 줄 때 연산자 ":="를 사용함에 주의하자. 우리가 관심이 있는 것은 분석결과에서 마직에 위치한 "Defined Parameters:" 부분이다. 잠재변수 V가 잠재변수 Z에 미치는 직접적인 효과에 대해 두 집단 차이는 diffDE=0.027이며, 간접적인 효과에서는 차이가 diffIE=0.103이다. 하지만 이들 모두의 경우 유의수준 $\alpha = 0.05$일 때 통계적 유의성이 없는 것으로 판단된다. 또한 총효과의 경우도 diffTE=0.130이지만 통계적으로 유의성이 없다. 따라서 잠재변수 V가 잠재변수 Z에 미치는 직접적, 간접적 효과 및 전체 효과는 집단이 달라져도 바뀌지 않는다고

판단할 수 있다. 두 집단에 대해 잠재변수 사이의 관계를 "semPlot"를 이용하여 나타내면 그림 S8.1과 같다.

```
library(semPlot)
x11()
semPaths(Model.fit2,whatLabels = "est", style="lisrel",
        layout="tree2",panelGroups="TRUE",structural = TRUE)
```

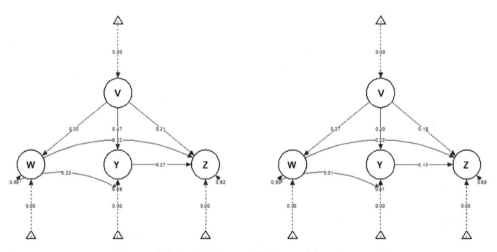

그림 S8.1 잠재변수 사이의 구조관계(왼쪽: A 집단, 오른쪽: B 집단).

TIP   lavaan에서 모델식의 모수를 제약하는 방법

다중집단의 비교분석을 위해 cfa() 함수나 sem()를 사용할 때 동등성 제약을 위해 간단히 "group.equal" 인수를 사용하였다. 이 외에도 모델식에서 직접 모수를 제약하는 방법들이 있다. 첫 째로 추정될 모수를 특정 값으로 고정하는 방법이다. 예를 들어 잠재변수 M에 대해 측정변수 X2의 인자적재치가 3으로 고정된다면 다음과 같이 정의하면 된다.

M =~ X1 + 3*X2 + X3

두 번째로 추정될 모수가 어떤 수보다 크거나 작아야 하는 경우에는 그 변수에 대한 이름과 부등호를 사용하여 제약조건을 나타낼 수 있다. 예를 들어 측정변수 X1의 오차분산을 a라고 하고 a는 양수이어야 한다는 조건은 다음과 같이 나타낼 수 있다.

X1 ~~ a*X1
a > 0

마지막으로 c() 함수를 이용하여 각 집단에서 추정될 모수가 동일하다는 제약을 설정할 수 있다. 예를 들면 지표변수 X2에 대한 잠재변수 M의 인자적재치가 두 집단 간에 동일하게 설정되어야 한다면 다음과 같이 나타낼 수 있다.

M =~ X1 + c(a,a)*X2 + X3

위에서 c(a,a)의 각 원소는 측정변수 X2에 대해 순서대로 첫 번째, 두 번째 집단의 인자적재치에 대한 라벨에 해당하며, 동일한 라벨이 사용되었으므로 X2에 대한 인자적재치는 두 집단에서 동일하도록 제약된다.

잠재성장모델

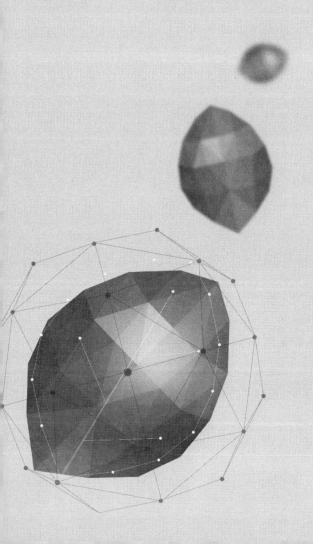

잠재성장모델(latent growth model, LGM) 또는 잠재성장곡선모델(latent growth curve model, LGCM)은 종단자료(longitudinal data) 또는 시계열자료와 코호트 자료 (cohort data)와 같은 패널자료(panel data)의 집단수준이나 개인수준에서 변화의 크기 및 추이 변화를 분석하는 방법이다. 종단자료는 특정 시점에서 일회적으로 현상을 관찰 하여 얻어지는 횡단자료(cross-sectional data)와 달리 시간의 흐름에 따라 반복적으로 측정된 자료로서 시간에 따른 변화에 대한 정보를 포함한다. 코호트(cohort)는 특정한 시간대에 어떤 의미 있는 사건을 경험한 집단을 의미하며, 코호트 연구는 특정 요인에 노출된 집단과 노출되지 않는 집단에 대해 일정기간 추적연구(follow-up study)를 통해 연구 대상별 요인의 관련성을 조사하는 것으로 코호트 자료에는 시간적인 개념이 포함 되어 있다. 이와 같이 시간적인 개념이 포함된 종단자료는 횡단에서 다룰 수 없는 시간 에 따른 현상의 변화 추세 및 양상에 대한 연구를 가능하도록 한다. 여기서는 잠재성장 모델을 이용하여 종단자료를 분석하는 방법을 살펴보고자 한다.

9.1   성장에 대한 구조방정식모델의 관점

시간에 흐름에 따라 변화하는 개체 혹은 집단의 특성을 일정 시간간격으로 반복적으 로 측정하여 얻어지는 종단자료를 생각해 보자. 예를 들면, 직장인의 경우 근속년수에 따른 연봉의 변화에 관심이 있을 수 있고, 교육자의 경우 학년이 올라감에 따라 입학생 들의 학업성취도 혹은 수업만족도가 어떻게 달라지는지 관심을 가질 수 있다. 잠재성장 모델에서는 이러한 시간에 따른 개체 혹은 집단특성의 변화를 설명하기 위해 초기상태 (initial status)와 변화율(change rate)라는 개념을 도입한다. 초기상태는 변화가 측정되 기 시작한 첫 시점의 개체 혹은 집단의 상태를 설명하며, 변화율은 시간의 흐름에 따라 초기상태에서 얼마나 변화하였는지를 설명한다. 초기상태 혹은 초기조건의 개념은 '절 편(intercept)'이라는 잠재변수로, 변화율의 개념은 '기울기(slope)'라는 잠재변수로 나타 내며 이 두 잠재변수는 반영적 측정모델을 통해 측정된다. 따라서 잠재성장모델은 절편 과 기울기라는 두 잠재변수에 대한 측정모델을 포함한 구조방정식모델로 생각될 수 있 다. 흔히 절편과 기울기를 합쳐 성장모수(growth parameter)라고 한다.

  잠재성장모델을 이용하여 종단자료를 분석하는 간단한 예로서 대학생의 학년에 따른 전공만족도의 변화를 조사하는 경우를 살펴보자. 대학교 1학년, 2학년, 3학년, 4학년 때의 측정된 전공만족도를 나타내는 변수를 각각 t_1, t_2, t_3, t_4라고 할 때 잠재성장모델은 그림 9.1과 같이 나타낼 수 있다.

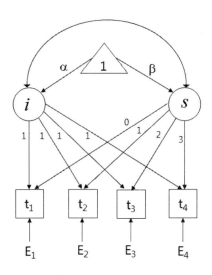

그림 9.1 학년에 따른 전공만족도 분석을 위한 잠재성장모델. 측정변수 t_1, t_2, t_3, t_4은 각각 1, 2, 3, 4학년 때의 전공만족도를 나타내며, 이들 측정변수들을 통해 절편 잠재변수 i와 기울기 잠재변수 s가 측정된다.

  그림 9.1에서 절편 잠재변수 i는 관측변수 t_1, t_2, t_3, t_4에 대해 모두 동일한 설명력을 가지도록 인자적재치가 모두 1로 고정되어 있다. 반면에 기울기 잠재변수 s는 학년에 따른 관측변수 (t_1, t_2, t_3, t_4)의 변화를 설명하기 위해 인자적재치를 각각 {0, 1, 2, 3}으로 설정하였다. 만약 성장모델이 선형모델이 아니라 2차모델(quadratic model)인 경우는 각 측정변수에 대한 기울기 잠재변수 s의 인자적재치를 {0^2, 1^2, 2^2, 3^2}로 설정할 수 있다. 또한, 측정시점이 네 개가 아니라 다섯 개라면 기울기 잠재변수 s의 각 시점의 측정변수에 대한 인자적재치를 {0, 0.25, 0.5, 0.75, 1}로 설정할 수가 있다. α는 절편 잠재변수 i의 평균으로서 초기, 즉 1학년 때의 평균 전공만족도를 나타내며, β는 기울기 잠재변수 s의 평균으로서 학생들의 4년간에 걸친 전공만족도에 대한 평균변화율을 나타낸다. 각 학년에 따른 평균 전공만족도를 수식으로 표현하면 다음과 같다.

$$\begin{pmatrix} \overline{t_1} \\ \overline{t_2} \\ \overline{t_3} \\ \overline{t_4} \end{pmatrix} = \begin{pmatrix} 1 & 0 \\ 1 & 1 \\ 1 & 2 \\ 1 & 3 \end{pmatrix} \begin{pmatrix} \alpha \\ \beta \end{pmatrix} + \begin{pmatrix} E_1 \\ E_2 \\ E_3 \\ E_4 \end{pmatrix} \tag{9.1}$$

그림 9.1과 같이 잠재성장모델은 각 측정시점에서의 측정오차를 고려할 수 있으므로 시간적 흐름에 따른 경향을 분석하는 다른 방법들(예, 반복측정분산분석(repeated measures ANOVA), 혼합모델(mixed model), 위계적 선형모델(hierarchial linear model 등)보다 요구되는 가정들이 적어 데이터를 유연하게 분석할 수 있다. 즉, 잠재성장모델의 경우 여러 시점에서 반복적으로 측정된 데이터로부터 시간적 흐름에 따른 경향을 분석할 때 측정의 대상이 되는 모든 개체들이 동일한 비율로 변화해야 한다는 가정을 요구하지 않으며, 변화의 성질은 선형성뿐만 아니라 다양한 변화(이차함수, log 등)도 다룰 수 있다.

잠재성장모델은 측정변수의 평균뿐만 아니라 평균의 변화도 설명하기 때문에 구조방정식모델에서 요구되는 공분산행렬뿐만 아니라 측정변수에 대한 평균에 대한 자료도 이용된다. 일반적으로 측정변수의 평균이 잠재변수의 평균에 의해서만 계산되도록 측정변수의 절편이 0으로 고정되거나 측정변수의 절편을 측정하기 위해 잠재변수의 평균의 0으로 고정된다. 잠재성장모델을 만들 때 고려되는 세 가지 질문을 요약해 보면 다음과 같다.

① 측정변수의 초기값과 시간에 따른 변화율을 통해 측정변수의 평균적인 이동경로는 어떤 형태(선형, 이차함수 등)로 나타나는가?

② 측정변수의 시간에 따른 변화는 평균적인 이동경로를 통해 충분히 설명될 수 있는가? 그렇다면 절편 잠재변수(i)와 기울기 잠재변수(s)의 분산은 0으로 고정될 수 있다. 만약, 관측개체들 사이의 상이한 이동경로를 고려해야할 만큼 충분한 변동성이 존재한다면 잠재변수 절편과 잠재변수 기울기의 분산은 고려되어야 한다.

③ 절편 잠재변수(i)와 기울기 잠재변수(s)의 분산항이 고려되어도 측정변수의 변화를 잘 예측하지 못한다면 절편 잠재변수(i)와 기울기 잠재변수(s)의 변동성을 설명하기 위해 모델에 다른 변수들이 추가되어야 하는가?

9.2 　잠재성장모델의 확장

　잠재성장모델은 다양한 분석목적에 따라 시간에 따라 변하지 않는 시불변 변수(time-invariant variable)나 시간에 따라 변하는 시변변수(time-variant variable) 등을 추가할 수 있다. 성별이나 인종 등은 시불변 변수의 예가 될 수 있고, 나이나 몸무게 등은 시변변수의 예가 될 수 있다. 그림 9.1의 모델에서 두 잠재변수 i와 s에 영향을 미치는 변수로서 성별과 흡연학생의 비율이 추가되는 경우를 고려해 보자. 즉, 학년이 증가함에 따라 전공만족도가 남녀 성별 간에 차이가 있는지와 흡연학생들의 비율에 따라 차이가 있는지를 살펴보는 것이므로 분석은 두 단계로 나누어 진행할 수 있다. 첫 번째는 학년에 증가함에 따라 전공만족도가 변화한다는 그림 9.1과 같은 성장모델(growth model)에 대한 적합도를 확인해야 한다. 두 번째로 그림 9.2와 같이 성장모델 속에 성별변수 GD(gender)와 흡연율 변수 SR(smoking ratio)을 포함시킨 확장모델에 대한 적합도를 분석한다. 그림 9.2의 확장모델은 그림 9.1의 성장모델에 비해 두 외생변수, 즉 성별변수 GD와 흡연율 변수 SR이 추가되어 있음을 알 수 있으며 이에 따라 다음의 네 가지 가정이 설정되었다.

① 측정변수의 평균을 추정하기 위해 설정된 상수항이 절편 잠재변수 i와 기울기 잠재변수 s뿐만 아니라 추가된 두 변수 GD와 SR에도 직접적인 효과를 가지는 것으로 설정
② 추가된 두 외생변수 GD와 SR 사이에 상관이 있는 것으로 설정
③ 절편 잠재변수 i와 기울기 잠재변수 s는 내생변수가 되므로 각각의 오차항 E_i, E_s를 설정
④ 절편 잠재변수 i와 기울기 잠재변수 s는 두 외생변수 GD와 SR 이외에 다른 공통원인에 의해 영향을 받을 수 있으므로 E_i와 E_s는 상관이 있는 것으로 설정

　위의 설정을 통해 잠재성장모델의 두 잠재변수, 즉 절편 i와 기울기 s에 성별과 흡연율이 미치는 영향을 분석해 볼 수 있다. 학년에 따른 전공만족도가 절편 잠재변수 i와 기울기 잠재변수 s의 선형모델로 설명되기 때문에 전공만족도를 높이는 데 관심이 있는

연구자는 이 두 잠재변수에 가장 큰 영향을 주는 변수 혹은 요인을 찾아내기 위해 이론적 배경과 경험을 바탕으로 모델을 더욱 확장해 나갈 수 있다.

잠재성장모델은 평균구조를 갖는 구조방정식모델로 간주될 수 있으므로 측정변수의 공분산자료 외에 다중집단분석에서와 같이 측정변수의 평균에 대한 자료가 요구된다. 다중집단분석에서는 측정변수의 절편이 계산되기 위해 잠재변수의 평균이 0으로 고정되지만, 잠재성장모델에서는 측정변수의 평균이 잠재변수의 평균에 의해서만 결정되도록 측정변수의 절편이 0으로 고정된다. 측정변수의 공분산과 측정변수의 평균에 대한 자료로부터 중복되지 않은 정보의 개수는 다음과 같다.

$$\frac{p(p+1)}{2} + p = \frac{p(p+3)}{2} \tag{9.2}$$

여기에서 p는 측정변수의 개수이다. 잠재성장모델에서 추정될 모수의 개수는 식 9.2에 의해 계산되는 정보의 개수보다 작거나 같아야 함을 알 수 있다.

잠재성장모델의 적합도 평가에는 χ^2 통계량, RMSEA(Root Mean Square Error of Approximation), NFI, CFI 등이 사용되며, RMSEA가 0.05 이하거나 NFI 혹은 CFI가 0.9 이상이면 적합도가 양호하다고 판단한다.

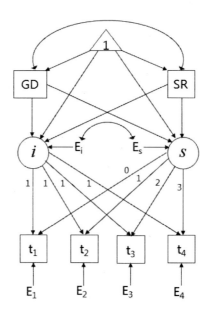

그림 9.2 잠재성장모델(그림 9.1)에 성별 변수 GD와 흡연율 변수 SR이 독립변수로 추가된 확장모델.

9.3   R을 이용한 잠재성장모델의 분석

잠재성장모델의 분석을 위해 R의 lavaan 패키지에 있는 growth() 함수를 사용할 수 있다. growth() 함수는 sem() 함수와 유사하지만 측정변수의 절편으로 0으로 고정함으로써 잠재변수의 평균을 자유롭게 추정할 수 있다. 잠재성장 모델의 분석은 일반적으로 여러 단계의 모델에 대한 적합도 검증을 통해 이루어진다. 표 9.1은 500명의 대학 신입생들을 대상으로 전공만족도를 4년간 1년에 한 번씩 추적 조사하여 얻어진 자료로부터 계산된 공분산과 각 학년에서의 평균 전공만족도를 나타내고 있다.

표 9.1 500명의 대학 신입생들을 대상으로 1년 단위로 4년간 조사된 전공만족도의 공분산과 각 학년에서의 평균 전공만족도(t_1, t_2, t_3, t_4는 각각 1, 2, 3, 4학년 때의 전공만족도를 나타내는 변수임).

	t_1	t_2	t_3	t_4
t_1	0.62			
t_2	0.49	0.59		
t_3	0.47	0.47	0.57	
t_4	0.46	0.47	0.50	0.66
평균	5.10	5.22	5.30	5.42

표 9.1의 자료를 다음의 네 종류의 잠재성장 모델에 대해 grotwh() 함수를 이용하여 적합도를 살펴보도록 하자.

- 모델 1: 절편 잠재변수 i의 분산이 0으로 고정되고 기울기 잠재변수 s는 설정되지 않으며, 모든 시점에서의 측정변수의 분산이 동일하도록 제약되는 모델
- 모델 2: 절편 잠재변수 i의 변동이 허용되며 기울기 잠재변수 s는 설정되지 않으며, 모든 시점에서의 측정변수의 분산이 동일하도록 제약되는 모델
- 모델 3: 절편 잠재변수 i와 기울기 잠재변수 s의 변동이 허용되지만 기울기 잠재변수 s의 절편은 0으로 고정되며, 모든 시점에서의 측정변수의 분산이 동일하도록 제약되는 모델

• 모델 4: 절편 잠재변수 i와 기울기 잠재변수 s의 변동이 허용되며, 모든 시점에서의
측정변수의 분산이 동일하다는 제약이 없는 모델

위의 네 종류의 잠재변수 모델은 lavaan에서 다음과 같이 정의될 수 있다.

```
모델1 <- '
i =~ 1*t1 + 1*t2+ 1*t3 + 1*t4
i ~~ 0*i # 절편 잠재변수의 분산을 0으로 고정
t1 ~~ r*t1; t2 ~~ r*t2 ; t3 ~~ r*t3 ; t4 ~~ r*t4 # 측정변수들의 분산을 r로 고정
'
```

```
모델2 <- '
i =~ 1*t1 + 1*t2+ 1*t3 + 1*t4
t1 ~~ r*t1; t2 ~~ r*t2 ; t3 ~~ r*t3 ; t4 ~~ r*t4 # 측정변수들의 분산을 r로 고정
'
```

```
모델3 <- '
i =~ 1*t1 + 1*t2 + 1*t3 + 1*t4
s =~ 0*t1 + 1*t2 + 2*t3 + 3*t4
s ~ 0*1 # 기울기 잠재변수 s의 절편을 0으로 고정
s ~~ 0*i # 절편 잠재변수와 기울기 잠재변수의 공분산으로 0으로 고정
t1 ~~ r*t1; t2 ~~ r*t2 ; t3 ~~ r*t3 ; t4 ~~ r*t4 # 측정변수들의 분산을 r로 고정
'
```

```
모델4 <- '
i =~ 1*t1 + 1*t2 + 1*t3 + 1*t4
s =~ 0*t1 + 1*t2 + 2*t3 + 3*t4
'
```

위의 모델 정의에서 보는 것과 같이 모수에 대한 제약이 있는 경우에만 제약사항을 추가로 설정해 주면 된다. 이제 아래의 R 코드를 이용하여 각 모델에 대해 자료의 적합도를 계산해 보자.

```
library(lavaan)
Tm.cov=lav_matrix_lower2full(c(0.62,
                               0.49, 0.59,
                               0.47, 0.47, 0.57,
                               0.46, 0.47, 0.50, 0.66))
Tm.means=c(5.10, 5.22, 5.30, 5.42) # 측정변수의 평균
names(Tm.means)=c("t1","t2","t3","t4")
colnames(Tm.cov) <- rownames(Tm.cov) <- names(Tm.means)

M1 <- ' # 모델 1
i =~ 1*t1 + 1*t2+ 1*t3 + 1*t4
i ~~ 0*i
t1 ~~ r*t1; t2 ~~ r*t2 ; t3 ~~ r*t3 ; t4 ~~ r*t4
'

M2 <- ' # 모델 2
i =~ 1*t1 + 1*t2+ 1*t3 + 1*t4
t1 ~~ r*t1; t2 ~~ r*t2 ; t3 ~~ r*t3 ; t4 ~~ r*t4
'

M3 <- ' # 모델 3
i =~ 1*t1 + 1*t2 + 1*t3 + 1*t4
s =~ 0*t1 + 1*t2 + 2*t3 + 3*t4
s ~ 0*1
s ~~ 0*i
t1 ~~ r*t1; t2 ~~ r*t2 ; t3 ~~ r*t3 ; t4 ~~ r*t4
'

M4 <- ' # 모델 4
i =~ 1*t1 + 1*t2 + 1*t3 + 1*t4
s =~ 0*t1 + 1*t2 + 2*t3 + 3*t4
'

# growth() 함수를 이용한 분석
M1.fit <- growth(M1,sample.cov=Tm.cov,sample.mean=Tm.means,sample.nobs=500)
M2.fit <- growth(M2,sample.cov=Tm.cov,sample.mean=Tm.means,sample.nobs=500)
M3.fit <- growth(M3,sample.cov=Tm.cov,sample.mean=Tm.means,sample.nobs=500)
M4.fit <- growth(M5,sample.cov=Tm.cov,sample.mean=Tm.means,sample.nobs=500)
fit.indices=c("chisq","df","pvalue","cfi","tli","rmsea") # 살펴볼 적합도 지수 선택
fitMeasures(M1.fit,fit.indices)
  chisq      df    pvalue      cfi      tli     rmsea
```

```
1788.137   12.000    0.000    0.000    0.488    0.544
```
```
fitMeasures(M2.fit,fit.indices)
```
```
   chisq     df   pvalue     cfi      tli    rmsea
 258.292  11.000    0.000    0.857    0.922    0.212
```
```
fitMeasures(M3.fit,fit.indices)
```
```
   chisq     df   pvalue     cfi      tli    rmsea
 155.338  10.000    0.000    0.916    0.950    0.170
```
```
fitMeasures(M4.fit,fit.indices)
```
```
  chisq     df  pvalue    cfi    tli   rmsea
  2.611   5.000   0.760  1.000  1.002   0.000
```

위의 결과를 살펴보면 모델 1, 2, 3의 경우 카이제곱에 대한 P-value는 모두 0.05보다 작을 뿐만 아니라 적합도 지수값들이 양호하지 않음을 알 수 있다. 반면에 모델 4의 경우는 적합도 지수들의 값뿐만 아니라 카이제곱에 대한 P-value가 0.76으로서 모델 4가 표 9.1의 공분산자료에 잘 부합함을 나타내고 있다. 따라서 모델 4에 대한 분석결과를 좀 더 상세히 살펴보자.

```
summary(M4.fit)
```
```
lavaan 0.6-3 ended normally after 50 iterations

  Optimization method                         NLMINB
  Number of free parameters                        9
  Number of observations                         500

  Estimator                                       ML
  Model Fit Test Statistic                     2.611
  Degrees of freedom                               5
  P-value (Chi-square)                         0.760

Parameter Estimates:

  Information                               Expected
  Information saturated (h1) model        Structured
  Standard Errors                           Standard

Latent Variables:
```

```
                    Estimate  Std.Err  z-value  P(>|z|)
  i =~
    t1              1.000
    t2              1.000
    t3              1.000
    t4              1.000
  s =~
    t1              0.000
    t2              1.000
    t3              2.000
    t4              3.000


Covariances:

                    Estimate  Std.Err  z-value  P(>|z|)
  i ~~
    s              -0.020     0.008    -2.578    0.010


Intercepts:

                    Estimate  Std.Err  z-value  P(>|z|)
   .t1              0.000
   .t2              0.000
   .t3              0.000
   .t4              0.000
    i               5.103     0.034    149.415   0.000
    s               0.104     0.009    12.008    0.000


Variances:

                    Estimate  Std.Err  z-value  P(>|z|)
   .t1              0.102     0.014    7.272     0.000
   .t2              0.116     0.010    11.810    0.000
   .t3              0.087     0.008    10.363    0.000
   .t4              0.131     0.015    8.803     0.000
    i               0.509     0.038    13.528    0.000
    s               0.015     0.003    4.767     0.000
```

모델 4에서 추정될 자유모수는 총 9개이며(측정변수와 관련된 오차분산: 4개, 잠재변수 i와 s의 분산/공분산: 3개, 잠재변수 i와 s의 평균: 2개), 표 9.1로부터 정보의 수는

14이다. 따라서 자유도 14 − 9 = 5가 된다. "Covariances:" 부분을 살펴보면 절편 잠재변수 i와 기울기 잠재변수 s 사이의 공분산은 −0.020로서 음수이다. 이것은 각 시점에서 높은 기울기(변화율)를 가지는 집단은 낮은 기울기를 갖는 집단에 비해 절편의 값이 더 낮아짐을 의미한다. "Intercepts:" 부분에서 모든 측정변수 t1, t2, t3, t4의 절편에 대한 평균은 0으로 추정되어 있으며 절편 잠재변수 i의 평균은 5.103, 기울기 잠재변수 s의 평균은 0.104로 계산되어 있다. 기울기 잠재변수 s의 평균값 0.104는 단위 시간구간(1학년~2학년, 2학년~3학년, 3학년~4학년) 사이에 측정변수의 평균변화율이 0.104임을 나타낸다. "Variance:" 부분은 각 측정변수의 오차분산이 나타나 있으며, 측정변수의 오차분산은 0.087에서 0.131의 범위를 가짐을 알 수 있다. 잠재성장모델에 대한 추정결과는 다음과 같이 나타낼 수 있으며 학년이 증가함에 따라 평균전공만족도가 증가함을 알 수 있다.

$$\overline{t_1} = 1 \times 5.103 + 0 \times 0.104 + N(0, 0.102)$$

$$\overline{t_2} = 1 \times 5.103 + 1 \times 0.104 + N(0, 0.116)$$

$$\overline{t_3} = 1 \times 5.103 + 2 \times 0.104 + N(0, 0.087)$$

$$\overline{t_4} = 1 \times 5.103 + 3 \times 0.104 + N(0, 0.131)$$

lavaan의 growth() 함수를 이용하여 잠재성장모델을 분석할 때 절편 잠재변수와 기울기 잠재변수의 평균을 계산하기 위해 측정변수의 절편은 모두 0으로 고정된다. 즉, 모델 4는 다음과 같이 나타낼 수도 있다.

```
모델 4 <- '
i =~ 1*t1 + 1*t2 + 1*t3 + 1*t4
s =~ 0*t1 + 1*t2 + 2*t3 + 3*t4
t1 ~ 0; t2 ~ 0 ; t3 ~ 0; t4 ~ 0 # 측정변수의 절편을 0으로 고정
i ~ 1; s ~ 1'  # 두 잠재변수(절편, 기울기)의 절편이 추가됨
```

growth() 함수를 사용할 경우 모델4의 마지막 두 줄(측정변수와 잠재변수의 절편설정 부분)은 디폴트로 설정되므로 생략해도 된다. 모델 4에 대한 분석결과를 semPlot 패키지

를 이용하여 그래프로 나타내면 그림 9.3과 같다.

```
library(semPlot)
x11()
semPaths(M4.fit,whatLabels = "est", intercepts = TRUE,style="OpenMx",label.cex=1.5,
         layout="tree3",edge.label.cex=1.0,esize=1.5)
```

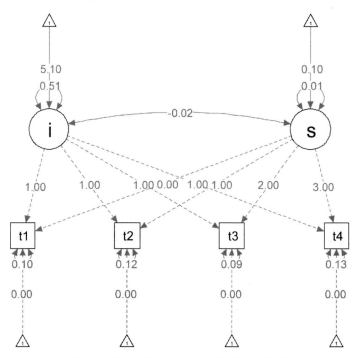

그림 9.3 공분산자료(표 9.1)를 이용하여 추정된 잠재성장모델의 모수들.

앞에서 잠재성장모델(모델 4)로 표 9.1의 자료를 분석한 결과를 정리하면 학년에 따른 평균전공만족도는 다음과 같은 선형모델로 요약될 수 있다.

$$\overline{t_i} = 1 \times 5.103 + 0.104[\lambda_i] + \epsilon_i$$

여기에서 5.1103와 0.104는 각각 절편 잠재변수 i와 기울기 잠재변수 s의 평균값에 해당하며, $\overline{t_i}, \lambda_i, \epsilon_i$는 각각 i 학년 때의 평균전공만족도, 인자적재치, 오차를 나타낸다. 학년이 증가함에 따라 인자적재치는 증가한다($\lambda_i = 0, 1, 2, 3$).

학년에 따른 전공만족도의 변화를 설명하는 데 적합한 잠재성장모델을 찾았다면 다음으로 전공만족도에 영향을 미칠 수 있는 변수 혹은 요인에 관심을 가질 수 있다. 즉, 잠재성장모델의 절편 잠재변수 i와 기울기 잠재변수 s에 영향을 미치는 변수를 찾을 수 있다면 전공만족도의 개선에 기여할 수 있을 것이다. 절편 잠재변수 i와 기울기 잠재변수 s에 영향을 미치는 변수로서 그림 9.2와 같이 성별변수 GD(gender)와 흡연율 변수 SR(smoking ratio)을 도입한 후 성별과 흡연율이 전공만족도에 미치는 영향을 조사해 보자. 분석을 위해 요구되는 자료는 표 9.2와 같이 각 학년에서의 전공만족도 외에 학생들의 성별변수와 흡연율변수까지 포함한 공분산 및 평균자료이다. 성별 변수 GD는 남학생 1, 여학생 0으로 측정하며, 흡연율 변수 SR은 각 성별에 대해 퍼센트(%)로 측정된다.

표 9.2 학년별 전공만족도 변수(t_1, t_2, t_3, t_4) 외에 성별 변수 GD와 흡연율 변수 SD가 추가된 공분산 자료 (n=500).

	t_1	t_2	t_3	t_4	GD	SR
t_1	0.62					
t_2	0.49	0.59				
t_3	0.47	0.47	0.57			
t_4	0.46	0.47	0.50	0.66		
GD	0.05	0.06	0.07	0.08	0.23	
SR	1.85	1.79	1.63	1.56	0.03	40.04
평균	5.10	5.22	5.30	5.42	0.60	5.05

성별변수 GD와 흡연율 변수 SR이 절편 잠재변수 i와 기울기 잠재변수 s에 영향을 조사하기 위한 모델을 정의해 보면 다음과 같다.

```
모델5 <- '
i =~ 1*t1 + 1*t2 + 1*t3 + 1*t4
s =~ 0*t1 + 1*t2 + 2*t3 + 3*t4
i + s ~ GD + SR
GD ~ 1; SR ~ 1
GD ~~ SR'
```

위의 정의에서 성별변수 GD와 흡연율 변수 SR의 절편을 추정하기 위해 "GD ~ 1; SR ~ 1"가 추가됨에 유의하자. 만약 이 부분이 생략된다면 두 변수 GD와 SR의 절편이 디폴트로 0으로 설정됨으로써 절편 잠재변수 i와 기울기 잠재변수 s에 미치는 영향을 계산할 수 없다. 다음의 R 코드와 함께 표 9.2의 자료를 모델5를 통해 분석해 보자.

```
library(lavaan)
Tm.cov=lav_matrix_lower2full(c(0.62,
                               0.49, 0.59,
                               0.47, 0.47, 0.57,
                               0.46, 0.47, 0.50, 0.66,
                               0.05, 0.06, 0.07, 0.08, 0.23,
                               1.85, 1.79, 1.63, 1.56, 0.03, 40.04))
Tm.means=c(5.10, 5.22, 5.30, 5.42,0.60, 5.05)
names(Tm.means)=c("t1","t2","t3","t4","GD","SR")
colnames(Tm.cov) <- rownames(Tm.cov) <- names(Tm.means)


M5 <- '    # 모델5
i =~ 1*t1 + 1*t2 + 1*t3 + 1*t4
s =~ 0*t1 + 1*t2 + 2*t3 + 3*t4
i + s ~ GD + SR
GD ~ 1; SR ~ 1
GD ~~ SR
'
M5.fit <- growth(M5,sample.cov=Tm.cov,sample.mean=Tm.means,sample.nobs=500)
fit.indices=c("chisq","df","pvalue","cfi","tli","rmsea")
fitMeasures(M5.fit,fit.indices)

 chisq     df pvalue    cfi    tli  rmsea
 3.062  9.000  0.962  1.000  1.005  0.000
```

위의 결과에서 확장모델의 적합도를 살펴보면 CFI(=1.000), TLI(=1.005), RMSEA (=0.000)이며 카이제곱에 대한 P-value가 0.962로서 모델 5가 표 9.2의 자료에 잘 부합함을 나타내고 있다. 분석결과를 좀 더 상세히 살펴보면 다음과 같다.

```
summary(M5.fit)
```

```
lavaan 0.6-3 ended normally after 60 iterations

  Optimization method                          NLMINB
  Number of free parameters                        18
  Number of observations                          500


  Estimator                                        ML
  Model Fit Test Statistic                      3.062
  Degrees of freedom                                9
  P-value (Chi-square)                          0.962


Parameter Estimates:

  Information                                Expected
  Information saturated (h1) model         Structured
  Standard Errors                           Standard


Latent Variables:
                   Estimate  Std.Err  z-value  P(>|z|)
  i =~
    t1                1.000
    t2                1.000
    t3                1.000
    t4                1.000
  s =~
    t1                0.000
    t2                1.000
    t3                2.000
    t4                3.000


Regressions:
                   Estimate  Std.Err  z-value  P(>|z|)
  i ~
    GD                0.211    0.065    3.245    0.001
    SR                0.046    0.005    9.383    0.000
  s ~
    GD                0.044    0.018    2.457    0.014
    SR               -0.003    0.001   -1.941    0.052


Covariances:
```

	Estimate	Std.Err	z-value	P(>|z|)
GD ~~				
SR	0.030	0.135	0.221	0.825
.i ~~				
.s	-0.017	0.007	-2.378	0.017

Intercepts:

	Estimate	Std.Err	z-value	P(>|z|)
GD	0.600	0.021	28.003	0.000
SR	5.050	0.283	17.863	0.000
.t1	0.000			
.t2	0.000			
.t3	0.000			
.t4	0.000			
.i	4.743	0.056	85.153	0.000
.s	0.091	0.015	5.934	0.000

Variances:

	Estimate	Std.Err	z-value	P(>|z|)
.t1	0.103	0.014	7.460	0.000
.t2	0.115	0.010	11.872	0.000
.t3	0.087	0.008	10.439	0.000
.t4	0.131	0.015	8.906	0.000
GD	0.230	0.015	15.811	0.000
SR	39.960	2.527	15.811	0.000
.i	0.412	0.032	13.022	0.000
.s	0.014	0.003	4.566	0.000

모델 5에서 추정될 자유모수는 총 18개이며(외생관찰변수 GD, SR과 잠재변수 i, s 사이의 회귀계수: 4개, 외생관찰 변수 GD와 SR 사이의 공분산: 1개, i, s의 방해오차 사이의 공분산: 1개, 외생관찰변수 GD와 SR의 절편: 2개, i, s의 절편: 2개, 관측변수(t_1, t_2, t_3, t_4)의 분산: 4개, 외생관찰변수 GD와 SR의 분산: 2개, i, s의 방해오차 분산: 2개), 표 9.2로부터 주어지는 정보의 개수는 $6 \times 9 / 2 = 27$이다. 따라서 자유도는 $27 - 18 = 9$가 된다.

절편 잠재변수 i의 절편은 4.743이며 기울기 잠재변수 s의 잠재변수의 절편은 0.091임을 알 수 있다. 성별변수 GD와 흡연율 변수 SR의 절편 잠재변수 i와 기울기 잠재변수 s에 대한 회귀계수는 "Regressions:" 부분에 나와 있다. 성별변수 GD와 흡연율 변수 SR

를 이용하여 각 학년에서의 평균전공만족도는 다음과 같이 나타낼 수 있다.

$$\bar{t}_1 = [4.743 + 0.211 \times GD + 0.046 \times SR] + 0 \times [0.091 + 0.044 \times GD - 0.003 \times SR] + N(0, 0.103)$$

$$\bar{t}_2 = [4.743 + 0.211 \times GD + 0.046 \times SR] + 1 \times [0.091 + 0.044 \times GD - 0.003 \times SR] + N(0, 0.115)$$

$$\bar{t}_3 = [4.743 + 0.211 \times GD + 0.046 \times SR] + 2 \times [0.091 + 0.044 \times GD - 0.003 \times SR] + N(0, 0.087)$$

$$\bar{t}_4 = [4.743 + 0.211 \times GD + 0.046 \times SR] + 3 \times [0.091 + 0.044 \times GD - 0.003 \times SR] + N(0, 0.131)$$

위의 식은 '$\bar{t}_i$ = [절편] + i × [변화율] + ϵ_i'로 해석될 수 있다. 먼저 흡연율이 고정된 상태에서 성별에 따른 전공만족도는 알아보기 위해 GD의 자리에 1(남학생)과 0(여학생)을 대입해보면 절편과 변화율 모두 남학생이 여학생보다 크기 때문에 남학생이 여학생에 비해 전공만족도가 높음을 알 수 있다. 따라서 이 학과는 남학생에게 선호되는 학과일 것으로 추정될 수 있다. 이제 성별을 고정하고 흡연율이 증가시켜보면 절편은 증가하는 반면에 변화율은 감소함을 알 수 있다. 즉, 흡연비율은 1학년 때의 전공만족도를 높이는 역할을 하지만, 학년에 따른 전공만족도 변화율(상승율)을 감소시키는 역할을 함을 알 수 있다. 따라서 이 학과는 비흡연 남학생일 경우 학년이 증가함에 따라 전공만족도가 높아진다고 할 수 있다. 각 학년에서 평균 전공만족도를 계산하기 위해서는 위의 식에서 GD와 SR의 자리에 이들의 절편값인 0.6과 5.05를 각각 대입해 보면 다음과 같다.

$$\bar{t}_1 = 5.102, \bar{t}_2 = 5.204, \bar{t}_3 = 5.306, \bar{t}_4 = 5.409$$

위의 값은 표 9.2에서의 제공된 값과 거의 같음을 알 수 있다.

성별 변수 GD와 흡연율 변수 SR 사이의 공분산은 0.03, 상관계수는 0.010로서 약한 상관관계를 가지는 것으로 추정되지만 P-value=0.825이므로 통계적으로 유의하지 않아 두 변수는 상관관계를 갖지 않는다고 할 수 있다. 즉, 성별과 흡연율은 무관함을 알 수 있다. 반면에 두 잠재변수 i와 s 사이의 공분산은 −0.017, 상관계수는 −0.229로서 음의 상관관계를 가지며 P-value=0.017이므로 통계적 유의성을 가진다. 따라서 1 학년 때의 전공만족도가 높은 학생일수록 학년에 증가함에 따라 전공만족도의 평균변화율이 낮아지는 경향을 보이며, 1학년 때 전공만족도가 낮은 학생일수록 학년에 증가함에 따라 전공만족도의 평균변화율이 높아지는 경향을 보인다고 해석할 수 있다. 예측변수 GD와 SR를 추가함으로써 잠재변수 i와 s의 변동에 대한 설명력이 커질수록 잠재변수 i와 s의 오차분산은 작아지게 된다. 상관계수에 대한 정보를 살펴보기 위해서는 다음과 같이 summary() 함수의 인수부분에 "fit,standardized=TRUE"을 추가하여 표준화된 결과(Std.all)를 살펴보면 된다. 즉, 모든 변수가 표준화될 때의 공분산은 상관계수에 해당한다.

```
summary(M5.fit,standardized=TRUE)
```

모델 5에 대한 분석결과를 semPlot 패키지를 이용하여 그래프로 나타내면 그림 9.4과 같다.

```
library(semPlot)
x11()
semPaths(M5.fit,whatLabels = "est", curvePivot = TRUE,
         intercepts = TRUE,style="OpenMx",label.cex=1,
         layout="tree3",edge.label.cex=0.8)
```

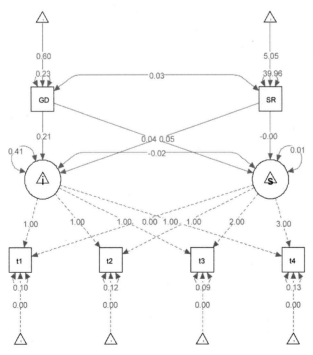

그림 9.4 절편 잠재변수 i와 기울기 잠재변수 s가 두 예측변수 GD와 SR에 의해 영향을 받는 잠재성장모델를 이용하여 표 9.2의 자료를 분석한 결과. 잠재변수 i와 s의 절편은 표시되어 있지 않으며, 이들의 값은 각각 4.743과 0.091이다.

9.1 다음의 표 E9.1은 35명의 피험자들을 대상으로 동일한 시간간격을 두고 연속적으로 네 시점(t_1, t_2, t_3, t_4)에서 측정된 학습과제 성취도에 대한 자료이다. 성별에서 0은 여성을, 1은 남성을 나타낸다. 기본적인 잠재성장모델에 성별변수를 설명변수로 추가하여 성별에 따라 학습과제 성취도가 어떻게 달라지는지 분석해 보라.

표 E9.1 35명의 피험들자(여자: 17명, 남자 18명)을 대상으로 동일한 시간에 따라 네 시점에서 측정된 학습과제 성취도자료.

No	t_1	t_2	t_3	t_4	성별	No	t_1	t_2	t_3	t_4	성별
1	2.28	2.28	2.81	4.49	0	20	1.68	3.12	4.21	5.51	0
2	0.12	2.26	2.94	5.42	0	21	1.93	3.22	4.08	5.4	0
3	0.46	1.47	1.63	2.95	1	22	1.15	1.75	1.83	1.36	1
4	0.52	2.03	2.76	3.69	1	23	1.85	2.82	3.97	5.09	0
5	0.01	1.72	3.08	3.56	1	24	0.38	0.85	2.86	3.14	1
6	0.11	1.98	3.71	6.94	0	25	1.9	2.56	3.28	3.75	0
7	1.1	2.19	2.21	5	1	26	0.91	1.91	3	5.67	0
8	0.77	2.03	2.91	4.33	1	27	1.72	2.75	3.7	5.24	1
9	1.06	1.64	1.94	1.97	1	28	0.82	2.88	4.2	5.09	0
10	2.85	2.57	3.13	4.85	0	29	0.37	2	3.38	5	1
11	1.28	2.54	2.59	3.18	1	30	0.82	2.44	2.18	5.22	1
12	2.36	3.58	6.28	8.15	0	31	0.73	1.84	2.45	4.38	1
13	2.15	3.84	4.26	6.34	0	32	1.54	2.91	4.38	5.07	0
14	1.04	2.57	3.15	3	1	33	1.03	2.97	4.83	6.07	0
15	1.7	3.52	5.24	5.85	0	34	0.6	2.69	3.54	4.84	0
16	1.14	1.53	2.55	2.45	1	35	0.89	2.51	3.81	5.73	1
17	0.45	2.12	1.71	4.41	1						
18	0.75	2.28	3.83	4.2	0						
19	0.44	2.79	5.35	5.77	0						

출처: Alexander Beaujean, A. Latent variable modeling uing R: a step-by-step guide. (Taylor & Francis, 2014), Excercise 5.2, p. 91.

풀이

기본적인 잠재성장모델을 lcm.model1, 성별변수를 추가하여 확장된 잠재성장모델을
lcm.model2라고 하면 이들은 lavaan에서 다음과 같이 정의될 수 있다.

```
lcm.model1 <- '
i =~ 1*t1 + 1*t2 + 1*t3 + 1*t4
s =~ 0*t1 + 1*t2 + 2*t3 + 3*t4
'

lcm.model2 <- '
i =~ 1*t1 + 1*t2 + 1*t3 + 1*t4
s =~ 0*t1 + 1*t2 + 2*t3 + 3*t4
i + s ~ sex
'
```

위에서 보는 바와 같이 두 모델의 차이는 성별변수(sex)를 잠재성장모델의 두 잠재변
수 i(절편)와 s(기울기)에 대한 설명변수로서 사용하는지 여부에 있음을 알 수 있다.
다음 R 코드와 함께 위의 두 잠재성장모델을 이용하여 표 E9.1의 자료를 분석해 보자.

```
library(lavaan)
No <- seq(1:35)
t1 <- c(2.28, 0.12, 0.46, 0.52, 0.01, 0.11, 1.10, 0.77,
        1.06, 2.85, 1.28, 2.36, 2.15, 1.04, 1.70, 1.14,
        0.45, 0.75, 0.44, 1.68, 1.93, 1.15, 1.85, 0.38,
        1.90, 0.91, 1.72, 0.82, 0.37, 0.82,0.73, 1.54, 1.03, 0.60, 0.89)
t2 <- c(2.28, 2.26, 1.47, 2.03, 1.72, 1.98, 2.19, 2.03, 1.64,
        2.57, 2.54, 3.58, 3.84, 2.57, 3.52, 1.53, 2.12, 2.28,
        2.79, 3.12, 3.22, 1.75, 2.82, 0.85, 2.56, 1.91, 2.75,
        2.88, 2.00, 2.44, 1.84, 2.91, 2.97, 2.69, 2.51)
t3 <- c(2.81, 2.94, 1.63, 2.76, 3.08, 3.71, 2.21, 2.91, 1.94,
        3.13, 2.59, 6.28, 4.26, 3.15, 5.24, 2.55, 1.71, 3.83,
        5.35, 4.21, 4.08, 1.83, 3.97, 2.86, 3.28, 3.00, 3.70,
        4.20, 3.38, 2.18, 2.45, 4.38, 4.83, 3.54, 3.81)
t4 <- c(4.49, 5.42, 2.95, 3.69, 3.56, 6.94, 5.00, 4.33, 1.97,
        4.85, 3.18, 8.15, 6.34, 3.00, 5.85, 2.45, 4.41, 4.20,
```

```
        5.77, 5.51, 5.40, 1.36, 5.09, 3.14, 3.75, 5.67, 5.24,
        5.09, 5.00, 5.22, 4.38, 5.07, 6.07, 4.84, 5.73)
sex <- c(0, 0, 1, 1, 1, 0, 1, 1, 1, 0, 1, 0, 0, 1, 0, 1, 1,
        0, 0, 0, 0, 1, 0, 1, 0, 0, 1, 0, 1, 1, 1, 0, 0, 0, 1)

LT.dat <- data.frame(No,t1,t2,t3,t4,sex) # 표 E9.1의 자료로 구성된 데이터프레
임

lcm.model1 <- '  # 기본적인 잠재성장모델
i =~ 1*t1 + 1*t2 + 1*t3 + 1*t4
s =~ 0*t1 + 1*t2 + 2*t3 + 3*t4
'
lcm.model2 <- ' # 성별변수가 추가된 잠재성장모델
i =~ 1*t1 + 1*t2 + 1*t3 + 1*t4
s =~ 0*t1 + 1*t2 + 2*t3 + 3*t4
i + s ~ sex
'
lcm.fit1 <- growth(lcm.model1,data=LT.dat)
lcm.fit2 <- growth(lcm.model2,data=LT.dat)
fit.indices=c("chisq","df","pvalue","cfi","tli","rmsea")
fitMeasures(lcm.fit1,fit.indices) # 기본적인 잠재성장모델의 적합도
```

chisq	df	pvalue	cfi	tli	rmsea
6.180	5.000	0.289	0.984	0.980	0.082

```
fitMeasures(lcm.fit2,fit.indices) # 성별변수가 추가된 잠재성장모델의 적합도
```

chisq	df	pvalue	cfi	tli	rmsea
8.349	7.000	0.303	0.986	0.979	0.074

위의 결과를 통해 기본 잠재성장모델(lcm.model1)에 대한 카이제곱의 P-value는 0.289로서 모델이 표 E9.1의 자료에 부합함을 나타내고 있으며, 적합도 지수들도 양호함을 알 수 있다(CFI=0.984, TLI=0.980, RMSEA=0.082). 따라서 표 E9.1의 자료는 기본적인 잠재성장모델로 잘 설명될 수 있음을 확인하였으므로 이제 성별변수가 예측변수로 추가된 잠재성장모델(lcm.model2)을 고려하는 단계로 넘어갈 수 있다. lcm.model2의 적합도 지수들도 양호함을 알 수 있다(CFI=0.986, TLI=0.979, RMSEA=0.074). lcm.model2에 대한 분석결과는 자세히 살펴보면 다음과 같다.

```
summary(lcm.fit2)    # 성별변수가 추가된 잠재성장모델의 분석결과

lavaan 0.6-3 ended normally after 25 iterations

  Optimization method                       NLMINB
  Number of free parameters                     11


  Number of observations                        35


  Estimator                                     ML
  Model Fit Test Statistic                   8.349
  Degrees of freedom                             7
  P-value (Chi-square)                       0.303

Parameter Estimates:


  Information                             Expected
  Information saturated (h1) model      Structured
  Standard Errors                         Standard

Latent Variables:
                 Estimate  Std.Err  z-value  P(>|z|)
  i =~
    t1              1.000
    t2              1.000
    t3              1.000
    t4              1.000
  s =~
    t1              0.000
    t2              1.000
    t3              2.000
    t4              3.000


Regressions:
                 Estimate  Std.Err  z-value  P(>|z|)
  i ~
    sex            -0.467    0.196   -2.377    0.017
  s ~
    sex            -0.399    0.140   -2.858    0.004
```

```
Covariances:
                Estimate  Std.Err  z-value  P(>|z|)
 .i ~~
  .s             -0.080    0.050   -1.588    0.112

Intercepts:
                Estimate  Std.Err  z-value  P(>|z|)
  .t1            0.000
  .t2            0.000
  .t3            0.000
  .t4            0.000
  .i             1.418     0.137   10.365    0.000
  .s             1.348     0.097   13.867    0.000

Variances:
                Estimate  Std.Err  z-value  P(>|z|)
  .t1            0.183     0.077    2.370    0.018
  .t2            0.067     0.032    2.070    0.038
  .t3            0.299     0.094    3.171    0.002
  .t4            0.460     0.188    2.442    0.015
  .i             0.230     0.085    2.710    0.007
  .s             0.112     0.043    2.609    0.009
```

위의 결과에서 절편 잠재변수 i와 기울기 잠재변수 s에 대한 성별변수 sex의 회귀계수 는 다음과 같이 모두 음의 값을 가지며 통계적 유의성을 가진다(P-value < 0.05). i와 s 의 설명변수인 성별변수 sex와 추정된 모수들을 이용하여 각 시점에서 평균학습과제 성취도를 나타내면 다음과 같다(잠재변수 i와 s의 절편은 "Intercepts:" 부분에, 측정변 수 t_1, t_2, t_3, t_4의 오차분산은 "Variances:" 부분에 나와 있음).

$$\overline{t_1} = 1 \times [1.418 - 0.467 \times \text{sex}] + 0 \times [1.348 - 0.399 \times \text{sex}] + N(0, 0.183)$$

$$\overline{t_2} = 1 \times [1.418 - 0.467 \times \text{sex}] + 1 \times [1.348 - 0.399 \times \text{sex}] + N(0, 0.067)$$

$$\overline{t_3} = 1 \times [1.418 - 0.467 \times \text{sex}] + 2 \times [1.348 - 0.399 \times \text{sex}] + N(0, 0.299)$$

$$\overline{t_4} = 1 \times [1.418 - 0.467 \times \text{sex}] + 3 \times [1.348 - 0.399 \times \text{sex}] + N(0, 0.460)$$

위의 식을 여성과 남성에 각각 적용해 보면

여성 (sex=0) :

$$\overline{t_1} = 1.418 + 0 \times 1.348 + N(0,0.183)$$

$$\overline{t_2} = 1.418 + 1 \times 1.348 + N(0,0.067)$$

$$\overline{t_3} = 1.418 + 2 \times 1.348 + N(0,0.299)$$

$$\overline{t_4} = 1.418 + 3 \times 1.348 + N(0,0.460)$$

남성 (sex=1)

$$\overline{t_1} = 0.951 + 0 \times 0.949 + N(0,0.183)$$

$$\overline{t_2} = 0.951 + 1 \times 0.949 + N(0,0.067)$$

$$\overline{t_3} = 0.951 + 2 \times 0.949 + N(0,0.299)$$

$$\overline{t_4} = 0.951 + 3 \times 0.949 + N(0,0.460)$$

위의 계산식을 통해 남성과 여성의 평균학업과제 성취도를 비교해 보면 초기의 평균 학업성취도(여성:1.148, 남성:0.951)와 평균학업과제 성취도의 증가율(여성:1.348, 남성:0.949) 모두 여성이 높다는 것을 알 수 있다. 시간의 변화에 따른 여성과 남성의 평균학업과제 성취도를 그래프로 나타내면 그림 S9.1과 같다.

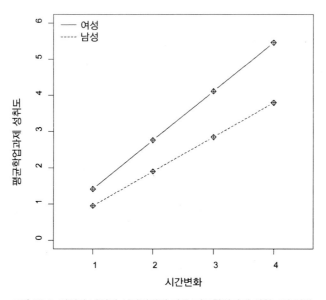

그림 S9.1 여성과 남성의 시간변화에 따른 평균학업과제 성취도의 변화.

측정변수가 이분변수인 구조방정식모델

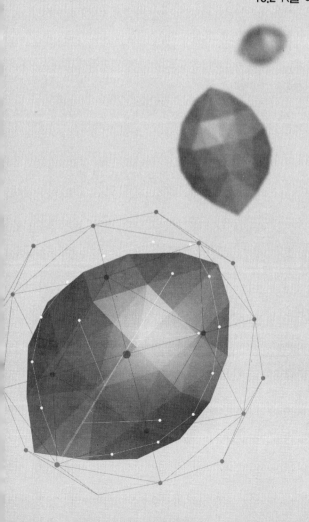

지금까지 다루어 왔던 구조방정식모델이나 잠재성장모델에서는 측정변수가 모두 연속형 변수로서 다변량 정규분포(multi-variate normal distribution)를 따른다는 가정을 하에 주로 최대우도법(maximum likelihood, ML)을 사용하여 모수를 추정하였다. 하지만, 측정변수가 범주형이거나 다변량 정규성을 가정하기 힘든 경우에 최대우도법을 사용하여 모수를 추정하게 되면 다음과 같은 문제점이 발생할 수 있다.

- 표본의 수가 클 때 모수 추정치의 값은 상대적으로 정확할 수 있지만, 추정오차가 낮아져 제 1 종 오류를 높일 수 있다.
- 모델 적합도에 대한 통계량이 지나치게 커짐으로 귀무가설을 빈번히 기각시킨다.

따라서 측정변수의 정규성을 가정할 수 없을 경우에는 최대우도법의 대안으로서 점근분포무관법(asymptotic distribution free, ADF)이라고 불리는 가중최소제곱법(weighted least squares, WLS)이 가장 널리 사용된다. 구조방정식모델의 모수추정을 위한 다양한 방법들은 7장에서 소개되었으며, 여기서는 측정자료가 범주형일 때 모수추정을 위해 가중최소제곱법을 적용하는 방법에 대해 살펴보고자 한다.

10.1 측정변수가 이분변수인 구조방정식모델의 모수추정

측정변수가 간단히 0과 1의 값을 가지는 이분변수(dichotomous variable)로 구성된 구조방정식모델을 고려해 보자. 가중최소제곱법은 표본자료로부터 분포의 첨도(kurtosis)와 왜도(skewness)를 추정하기 때문에 모집단의 정규분포성을 요구하지 않는다. 따라서 정규성을 가정하기가 힘든 이분자료 혹은 범주형 자료일 때 효과적으로 사용될 수 있다. 측정변수가 간단히 0과 1의 값을 가지는 이분변수인 경우에 모수추정을 위해 가중최소제곱법을 적용하는 과정을 살펴보면 아래와 같다.

① 이분변수 y라고 하면 y의 값은 다음의 식에 결정된다.

$$y = \begin{cases} 0, & \text{if } y^* \leq \tau \\ 1, & otherwise \end{cases} \tag{10.1}$$

여기에서 변수 y^*는 관측되지 않는 변수(잠재변수)이지만 정규분포를 따르며, y가 0 혹은 1을 값을 가지는 성향을 나타내는 변수로 생각될 수 있다. τ는 역치(threshold)로서 y의 값을 결정하는 데 사용된다.

② 가중최소제곱법을 변수 y^*에 대해 적용함으로써 모수를 추정한다.

관측변수가 이분변수일 때 위의 방법을 통해 가중최소제곱을 적용할 경우, 추정되어야 할 모수는 공분산뿐만 아니라 역치도 포함된다. 이분변수의 공분산 혹은 상관계수는 연속변수의 경우에 사용되는 방법을 그대로 적용할 수 없기 때문에 실제 계산에서는 이분변수의 관측값들(0 또는 1)의 생성과정을 정규분포의 확률과정으로 간주하고 다음과 같이 프로빗함수의 관계로 나타낸다.

$$\Phi^{-1}(p(y=1|y^*)) = \beta y^* \tag{10.2}$$

여기에서 $p(y=1|y^*)$는 랜덤 잠재변수 y^*가 주어졌을 때 $y=1$일 확률을 나타내며, 프로빗함수 Φ^{-1}는 표준정분포의 누적분포함수 Φ의 역함수에 해당한다. 그림 10.1은 표준정규분포에 대한 누적분포함수 Φ의 그래프를 나타낸다. 이분변수에 대한 관측자료가 주어지면 최대우도법을 이용하여 식 10.2에서 β를 계산할 수 있다. 또한, 관측자료를 이용하여 $y=1$일 평균확률을 계산한 뒤 식 10.2에서 $p(y=1|y^*)$의 자리에 대입하여 얻어지는 y^*가 바로 그 변수의 역치 τ에 해당된다.

식 10.1과 10.2는 측정변수의 값이 두 개 이상의 값을 가지는 서열형 변수에도 적용될 수 있다. 예를 들면, 어떤 법률에 개정에 대한 여론조사에서 "적극 반대, 반대, 찬성, 적극 찬성"과 같이 네 종류의 응답으로 나누어지는 경우 관측값을 0, 1, 2, 3와 같이 나타낼 수 있으며, 아래와 같은 모형을 사용할 수 있다.

$$y = \begin{cases} 0 \text{ , if } y^* \leq \tau_1 \\ 1 \text{ , if } \tau_1 < y^* \leq \tau_2 \\ 2 \text{ , if } \tau_2 < y^* \leq \tau_3 \\ 3 \text{ , if } \tau_3 < y^* \end{cases} \qquad (10.3)$$

위의 식에서 세 개의 역치 τ_1, τ_2, τ_3의 값은 주어진 자료에서 각 응답의 평균비율을 이용하여 이분변수의 경우와 유사한 방법으로 계산된다.

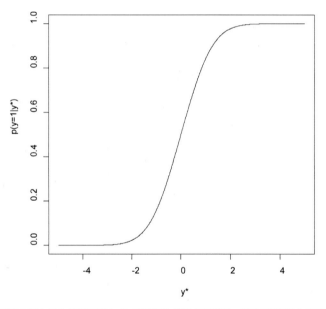

그림 10.1 표준정규분포 함수의 누적분포함수 Φ. 세로축은 랜덤 잠재변수 y^*의 값에 따라 이분변수 y의 값이 1이 될 확률을 나타낸다.

가중최소제곱법의 단점은 측정변수의 개수가 많아질 경우(20 ~ 25개 이상)에 가중치 행렬 W(식 7.14 참조)의 계산이 상당히 복잡하며 처리속도가 높은 컴퓨터일지라도 실행이 어려워질 수 있으며, 안정된 모수의 추정을 위해 간단한 모델의 경우 표본의 크기가 1,000, 다소 복잡한 모델의 경우는 5,000 이상으로 아주 커야하는 단점이 있다. 대각가중최소제곱법(diagonally weighted least squares, DWLS)은 가중치 행렬 W의 대각요소들(diagonal elements)만을 계산에 사용함으로써 계산속도를 높일 수 있다. 가중최소제곱을 이용하여 구조방정식의 모수를 추정하는 경우 일반적으로 후버-화이트의 로버스트 조정(Huber-White robust adjustment)을 통해 표준오차를 수정하게 된다. 즉, 오차의 이분산(heteroscedasticity) 문제를 해결하기 위해 측정변수의 구간별로 분산의 역수를 가중치로 추정하는 가중최소제곱법은 분산의 큰 경우에는 작은 가중치가 적용되며, 이 분산이 존재하더라도 일반적인 최소제곱법(ordinary least squares, OLS)을 통해 추정되는 모수는 불편추정량(unbiased estimator)이 되지만, 표준오차는 수정이 필요하게 된다. 따라서 후버-화이트의 로버스트 조정에서는 이분산에 대한 별다른 고려없이 일반적인 최소제곱법을 통해 모수를 추정하고 샌드위치 조정(sandwich adjustment)을 통해 표준오차만 수정하게 된다. 이 때 얻어지는 표준오차를 강건 표준오차(robust standard error)라고 한다. lavaan에서 모수추정법으로 가중최소제곱법을 사용하기 위해서는 sem(.., estimator="WLS")와 같이 설정해 주면 된다. sem() 함수는 측정자료의 타입에 따라 모수추정법이 자동으로 선택하기도 하지만 사용자가 직접 지정할 수도 있다. lavaan에서 지원되는 대표적인 모수추정법을 살펴보면 다음과 같다.

"ML"	최대우도법(maximum likelihood)
"GLS"	일반최소제곱법(generalized least squares)
"WLS"	가중최소제곱번(weighted least squares)
"DWLS"	대각가중최소제곱법(diagonally weighted least squares)
"ULS"	비가중최소제곱법(unweighted least squares)

모수추정법이 sem() 함수에서 지정될 수 있는 것과 같이 표준오차의 계산방법도 다음과 같이 se 인수를 통해 지정될 수 있다.

```
sem(..., se="robust.huber.white")
```

표준오차의 계산방법은 "robust.huber.white" 외에도 "robust.sem", "first.order", "bootstrap" 등이 있다. 모수추정법과 특정한 표준오차의 계산방법을 동시에 지정해 주는 방법도 있다. 예를 들면 후버-화이트의 표준오차와 함께 최대우도법을 사용하는 경우에는 sem(.., estimator="MLR")와 같이 설정해 주면 된다. lavaan의 홈페이지(The lavaan Project, http://lavaan.ugent.be/tutorial/est.html)에는 lavaan에서 지원되는 모수추정법, 강건 표준오차 계산방법에 관한 상세한 사항이 나와 있다.

10.2 R을 이용한 이분측정변수로 구성된 구조방정식모델의 분석

R의 lavaan 패키지에 있는 sem() 함수는 측정변수가 이분변수 혹은 범주형 서열변수로 구성된 구조방정식모델의 분석에도 사용될 수 있다. 이 때 sem() 함수는 모수추정을 위해 최대우도법이 아닌 가중최소제곱을 이용한다. 여기서는 측정변수가 이분변수로 구성된 간단한 측정모델의 예를 살펴보지만 더 복잡한 구조방정식모델에도 동일한 방법이 적용될 수 있다.

낙태허용에 대한 찬반을 묻는 영국사회태도 조사결과[7]는 R의 ltm 패키지에 'Abortion' 이라는 데이터프레임으로 저장되어 있으며 다음과 같다.

```
library(ltm)
data(Abortion) # Abortion 데이터 로딩
head(Abortion)

  Item 1 Item 2 Item 3 Item 4
1    1      1      1      1
2    1      1      1      1
3    1      1      1      1
4    1      1      1      1
5    1      1      1      1
6    1      1      1      1
```

Abortion 데이터프레임에서 Item 1, Item 2, Item 3, Item 4의 네 변수는 다음 질문에 대한 379명의 응답자료(찬성 '1', 반대 '0')를 저장하고 있다.

Item 1: 여성이 낙태를 희망하고 있으며, 여성이 낙태를 결정할 때 (찬성, 반대)

Item 2: 커플(남성과 여성)이 모두 낙태에 동의하고 희망하고 있을 때 (찬성, 반대)

Item 3: 여성이 미혼 상태이며 상대 남성과 결혼하기를 희망하지 않을 때 (찬성, 반대)

Item 4: 커플(남성과 여성)이 더 이상 아이를 부양할 수 없을 때 (찬성, 반대)

---

7 Bartholomew, D.J., Steele, F., Galbraith, J. Moustaki, I. (2008) Analysis of multivariate social science data (2nd ed.). Boca Raton, FL: Chapman and Hall/CRC.

위의 네 항목에 대한 측정변수를 각각 b_1, b_2, b_3, b_4라고 할 때 그림 10.2와 같이 하나의 잠재변수 M을 포함하는 측정모델을 고려해 보자. 잠재변수 M은 낙태허용에 대한 인식을 측정하는 변수로 생각될 수 있다.

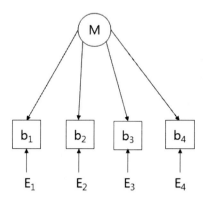

그림 10.2 네 개의 이분측정변수 b_1, b_2, b_3, b_4로 구성된 반영적 측정모델.

lavaan에서 그림 10.2의 측정모델은 다음과 같이 정의될 수 있다.

```
Model <- '
M =~ b1 + b2 + b3 + b4
'
```

이제 다음의 R 코드를 이용하여 Abortion 자료를 그림 10.2의 반영적 측정모델을 통해 분석해 보자.

```
names(Abortion) <- paste("b",1:4,sep="")
library(lavaan)
abortion.model <- '
M =~ b1 + b2 + b3 + b4
'
abortion.fit <- sem(abortion.model,data=Abortion, ordered=c('b1','b2','b3','b4'))
summary(abortion.fit)
lavaan 0.6-3 ended normally after 13 iterations
  Optimization method                       NLMINB
```

```
    Number of free parameters                             8
    Number of observations                              379


    Estimator                                          DWLS        Robust
    Model Fit Test Statistic                          7.291        12.647
    Degrees of freedom                                    2             2
    P-value (Chi-square)                              0.026         0.002
    Scaling correction factor                                       0.587
    Shift parameter                                                 0.234
       for simple second-order correction (Mplus variant)


Parameter Estimates:
    Information                                        Expected
    Information saturated (h1) model              Unstructured
    Standard Errors                                  Robust.sem

Latent Variables:
                   Estimate  Std.Err  z-value  P(>|z|)
  M =~
    b1               1.000
    b2               1.020    0.035   29.205    0.000
    b3               1.046    0.032   32.997    0.000
    b4               0.982    0.034   28.553    0.000


Intercepts:
                   Estimate  Std.Err  z-value  P(>|z|)
   .b1               0.000
   .b2               0.000
   .b3               0.000
   .b4               0.000
    M                0.000


Thresholds:
                   Estimate  Std.Err  z-value  P(>|z|)
    b1|t1            0.156    0.065    2.410    0.016
    b2|t1           -0.237    0.065   -3.639    0.000
    b3|t1           -0.347    0.066   -5.273    0.000
    b4|t1           -0.299    0.066   -4.559    0.000
```

```
Variances:
                Estimate  Std.Err  z-value  P(>|z|)
    .b1           0.151
    .b2           0.117
    .b3           0.071
    .b4           0.182
    M             0.849    0.040    21.276   0.000

Scales y*:
                Estimate  Std.Err  z-value  P(>|z|)
    b1            1.000
    b2            1.000
    b3            1.000
    b4            1.000
```

그림 10.2에서 추정될 모수는 개수는 모두 8개(측정변수 b_1, b_2, b_3, b_4의 오차분산: 4개, 인자적재치: 3개(측정변수 b_1에 대한 적재치는 1로 고정됨), 잠재변수 M의 분산: 1개)이며, 측정변수의 개수가 4개이므로 공분산으로부터 주어지는 정보의 개수는 $4 \times 5/2 = 10$이 된다. 따라서 자유도는 2가 된다. 각 측정변수에 대한 역치(threshold)는 관측자료부터 계산되므로 모수에서 제외된다. sem() 함수에서 'ordered' 인수에 관측변수의 이름을 지정해 주면 모수추정법은 디폴트로 지정된 "ML"(최대우도법)에서 "DWLS"(대각최소제곱법)로 바뀌게 되며 후버-화이트의 로버스트 조정을 거치게 된다. 위의 분석결과 중 "Estimator" 부분에서 우측에 "DWLS"와 "Robust"라고 표시된 것은 각각 "DWLS"만 사용하였을 때의 카이제곱 통계량과 P-value, "DWLS"와 로버스트 조정을 통해 표준오차를 수정하였을 때의 카이제곱 통계량과 P-value를 나타낸다. "DWLS"를 통해 모수만 추정되었을 때보다 표준오차가 함께 수정된 경우의 P-value가 더 작아짐을 알 수 있다. "Parameter Estimates:" 부분에서 Standard Errors가 Robust.sem으로 되어있으므로 "Latent Variables:" 이하 결과부분은 로버스트 조정을 거친 표준오차가 적용된 결과임을 알 수 있다. 측정모델에 대한 모형적합도를 살펴보면 다음과 같이 카이제곱에 대한 P-value를 제외한 나머지 적합도 지수들은 그런대로 양호함을 알 수 있다.

```
fit.indices=c("chisq","df","pvalue","cfi","tli","rmsea")
fitMeasures(abortion.fit,fit.indices)

 chisq    df  pvalue    cfi    tli  rmsea
 7.291  2.000   0.026  0.999  0.997  0.084
```

인자적재치는 분석결과의 "Latent Variables:" 부분에 나타나 있으며 식 10.2에서 β에 해당한다. 역치는 "Thresholds:" 부분에 나타나 있으며 식 10.3에서 τ에 해당된다. 각 측정변수에 대해 역치가 계산된 과정을 살펴보면 다음과 같다.

① 각 측정변수에 대해 응답이 "1"인 경우의 개수를 전체 응답횟수(379)로 나누어 확률 p를 계산한다.
② q=1-p를 계산한다.
③ 표준정규분포함수의 누적분포함수에서 누적확률이 q가 되는 z값을 찾는다.

위의 계산과정을 다음과 같이 계산될 수 있다.

```
p=colMeans(Abortion)
p
         b1        b2        b3        b4
0.4379947 0.5936675 0.6358839 0.6174142
q=1-p
q
         b1        b2        b3        b4
0.5620053 0.4063325 0.3641161 0.3825858
qnorm(q)
        b1         b2         b3         b4
0.1560553 -0.2369895 -0.3474781 -0.2986967
```

위의 코드에서 colMeans(Abortion)은 각 측정변수의 평균으로 응답이 "1"이 될 확률로서 해석될 수 있다. 정규분포의 누적분포함수는 좌측으로부터 우측으로 진행하면서 누적되는 확률을 계산하므로 "1"이 될 확률에 대해 계산하기 위해 "1-p"를 누적확률 q로 두었다. qnorm() 함수는 표준정규분포에서 누적확률이 q일 때의 z 값을 계산하기 위해서 사용되었다. 따라서 정규분포의 누적분포함수를 $\Phi(x)$라고 하면 분석결과는 다음과 같이 요약될 수 있다.

$$b_1 = \begin{cases} 0 & \text{if } y^* \leq 0.156 \\ 1 & otherwise \end{cases} \quad \text{for } y^* \: selected \: randomly \: from \: \Phi(x)$$

$$b_2 = \begin{cases} 0 & \text{if } y^* \leq -0.237 \\ 1 & otherwise \end{cases} \quad \text{for } y^* \: selected \: randomly \: from \: \Phi(1.02x)$$

$$b_3 = \begin{cases} 0 & \text{if } y^* \leq -0.347 \\ 1 & otherwise \end{cases} \quad \text{for } y^* \: selected \: randomly \: from \: \Phi(1.046x)$$

$$b_4 = \begin{cases} 0 & \text{if } y^* \leq -0.299 \\ 1 & otherwise \end{cases} \quad \text{for } y^* \: selected \: randomly \: from \: \Phi(0.982x)$$

각 측정변수는 역치에 따라 0 또는 1로 나타나며 잠재변수 y^*는 정규분포함수의 누적분포함수로부터 랜덤과정을 통해 추출된다.

잠재변수 M의 각 측정변수에 대한 설명력을 알아보기 위해 R^2을 살펴보면 다음과 같다 (R^2에 대한 정보는 'summary(abortion.fit, rsquare=TRUE)' 명령을 통해 살펴볼 수 있다).

	b_1	b_2	b_3	b_4
R^2	0.849	0.883	0.929	0.828

측정변수에 대한 R^2 값이 대체로 높음을 알 수 있으며 잠재변수 M이 측정변수의 변동을 잘 설명함을 알 수 있다. 즉, 잠재변수 M을 통해 낙태의 찬반에 네 가지 질문의 응답이 잘 예측될 수 있다고 해석할 수 있다. 전체 분석결과를 semPlot 패키지를 이용하여 그래프로 나타내면 그림 10.3과 같다.

```
library(semPlot)
x11()
semPaths(abortion.fit,whatLabels = "est",
        style="OpenMx",label.cex=1.0, intercepts = TRUE,
        layout="tree3",edge.label.cex=0.8)
```

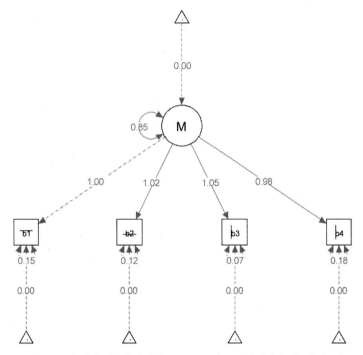

그림 10.3 네 개의 이분 측정변수(b_1, b_2, b_3, b_4)로 구성된 낙태허용 측정모델.

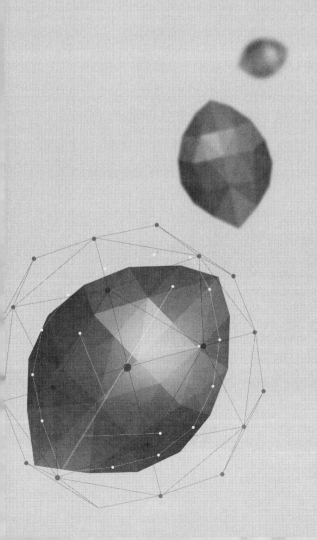

부분최소제곱−
구조방정식모델

1~10장까지 살펴본 구조방정식모델은 관측자료로부터 계산된 공분산과 모델에 의해 계산된 공분산의 정합성에 초점을 두고 변수 사이의 관계나 요인(잠재변수) 사이의 관계 설명에 주로 이용되기 때문에 공분산기반-구조방정식모델(covariance-based structure equation model, CB-SEM)이라고 부른다. 반면에 이번 장에서는 입출력 자료의 상관관계를 설명하기 위해 탐색적 요인분석을 시작으로 OLS(ordinary least squares)와 유사한 방식으로 통제된(partial) 오차가 최소값(least squares)을 가지도록 함으로써 구조방정식 모델의 모수(회귀계수, 인자적재치)를 추정하는 부분최소제곱-구조방정식모델(partial least squares structure equation model, PLS-SEM)에 대해 살펴보기로 한다. 탐색적 분석은 변수 사이의 관련성이 알려지지 않은 경우 수행되기 때문에 PLS-SEM은 주로 다수의 예측변수들 사이에 최적의 관계를 탐색하는 데 사용된다. PLS-SEM와 CB-SEM를 모수 추정과정과 잠재변수에 대한 측정모델 관점에서 차이점을 비교해 보면 다음과 같다.

■ 모수추정 과정

CB-SEM에서는 변수와 오차항에 대해 다변량 정규분포를 가정하지만 PLS-SEM에서는 이러한 가정을 요구하지 않는다. 즉, PLS-SEM에서는 변수에 대한 특정한 분포를 가정할 필요가 없는 부트스트래핑(bootstrapping)*을 이용하여 모수를 추정한다. 따라서 PLS-SEM의 경우 표본의 크기가 작을 때에도 사용 가능하다. 하지만 PLS-SEM에서는 측정변수의 오차항들은 서로 독립이라고 가정되기 때문에 측정변수 오차항 사이에 상관관계를 모델에서 설정할 수가 없다.

> **TIP   부트스트래핑**
>
> 모집단의 분포에 대한 정보가 없을 때 표본으로부터 랜덤 복원추출을 통해 수많은 하위 표본을 이용하여 부트스트랩 표집분포(bootstrap sample distribution)을 만든 후, 관심을 가지는 모수에 대한 추정치와 표준오차를 계산하는 비모수통계기법(non-parametric statistical method).

■ 잠재변수에 대한 측정모델

CB-SEM에서는 반영적 측정모델이 일반적으로 이용되지만 PLS-SEM에서는 반영적 측정모델과 형성적 측정모델 모두 허용된다.

11.1 PLS-구조방정식모델의 구조와 평가

PLS-구조방정식모델은 그림 11.1과 같이 외부모델(outer model)과 내부모델(inner model)로 구분한다. 외부모델은 측정변수와 그와 관련된 잠재변수와 관계를 나타내며 CB-SEM의 측정모델에 해당하며, 내부모델은 잠재변수 사이의 관계를 나타내는 구조모델로서 CB-SEM의 이론모델에 해당된다. CB-SEM에서 측정변수가 취할 수 있는 자료의 형태가 가급적 양적자료(등간척도, 비율척도)로 제한되는 반면에 PLS-SEM에서는 질적자료(명목척도, 서열척도 등)와 양적자료(등간척도, 비율척도 등) 모두 분석이 가능하다. 모든 잠재변수들이 하나의 잠재변수에만 연결되어 측정모델을 블록(block)이라고 부른다. 그림 11.1에는 세 개의 블록이 있음을 알 수 있다. 블록 A와 B는 잠재변수가 각 측정변수에 영향을 미치는 것을 가정하는 반영적 측정모델(reflective measurement model)이며, 블록 C는 잠재변수가 측정변수들로부터 영향을 받는 것을 가정하는 형성적 측정모델(formative measurement model)로서 측정변수를 독립변수로, 잠재변수를 종속변수로 하는 다중회귀분석모델과 유사하다.

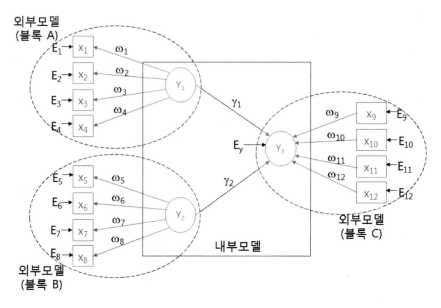

그림 11.1 PLS-구조방정식의 구조의 예. $\omega_1,\cdots,\omega_{12}$는 각 블록의 잠재변수를 계산하기 위해 사용되는 가중치를 나타낸다.

그림 11.1의 각 블록에서 잠재변수와 측정변수 연결하는 화살표 위의 $\omega_1, ..., \omega_{12}$는 잠재변수 값을 추정할 때 사용되는 가중치로서 공분산기반 구조방정식모델에서의 인자적 채치와 다르다. 반영적 측정모델 형태의 블록과 형성적 측정모델 형태의 블록에서 가중치가 계산되는 방법을 살펴보면 다음과 같다.

(1) 반영적 측정모델 형태의 블록에서 가중치 계산

블록 내의 모든 측정변수가 평균이 0, 분산이 1이 되도록 표준화될 때 측정변수를 X, 잠재변수를 y, 가중치를 ω, 측정오차를 e라고 하면 반영적 측정모델은 다음과 같이 나타낼 수 있다.

$$X = y\omega^T + e , \quad E[e|y] = 0 \tag{11.1}$$

여기에서 ω^T는 최소제곱법에 의해 다음과 같이 계산된다.

$$\begin{aligned}
\hat{\omega}^T &= (y^T y)^{-1} y^T X \\
&= Var(y)^{-1} COV(y, X) \\
&= COV(y, X) = COR(y, X)
\end{aligned}$$

(2) 형성적 측정모델 형태의 블록에서 가중치 계산

블록 내의 모든 측정변수가 평균이 0, 분산이 1이 되도록 표준화될 때 측정변수를 X, 잠재변수를 y, 가중치를 ω, 방해오차를 δ라고 하면 형성적 측정모델은 다음과 같이 나타낼 수 있다.

$$y = Xw + \delta, \quad E[\delta|X] = 0 \tag{11.2}$$

여기에서 ω는 최소제곱법에 의해 다음과 같이 계산된다.

$$\begin{aligned}
\hat{\omega} &= (X^T X)^{-1} X^T y \\
&= Var(X)^{-1} COV(X, y) \\
&= COR(X)^{-1} COR(X, y)
\end{aligned}$$

측정모델의 형태에 따라 위의 방법을 통해 각 블록에서 가중치가 계산되었다면 가중치를 이용하여 잠재변수의 값을 계산할 수 있다. PLS 구조방정식에서 모수를 추정하는 방법은 다음과 같이 크게 두 단계로 나누어 볼 수 있다.

■ 제 1 단계
아래의 과정에 따라 잠재변수의 값을 추정한다.

A. 외부모델에 형태에 따라 식 11.1 또는 11.2를 이용하여 잠재변수의 값을 추정한다.

B. A에서 계산된 잠재변수의 값을 이용하여 내부모델의 회귀계수를 추정한다.

C. A, B에서 계산된 값을 이용하여 잠재변수의 값을 다시 계산한다.

D. C에서 계산된 잠재변수의 값을 이용하여 외부모델의 각 블록에 대해 가중치 값을 다시 계산한 후에 잠재변수의 값이 수렴할 때까지 A 단계부터 반복계산을 실시한다.

■ 제 2 단계
1 단계에서 얻어진 최종적으로 얻어진 잠재변수의 값을 이용하여 모수(가중치, 인자적재치, 회귀계수)를 추정한다. 모수의 통계적 유의성은 부트스트랩 표본과 함께 제 1, 2 단계의 추정과정을 반복함으로써 얻어진 결과를 이용하여 계산한다.

위에서 보는 바와 같이 PLS-구조방정식모델의 모수추정방법은 공분산기반-구조방정식모델과 다르기 때문에 공분산기반-구조방정식모델의 평가에서 사용되었던 많은 적합도 지수들(χ^2, CFI, TLI, RMSEA 등)을 사용할 수 없으며 SRMR만 사용 가능하다. 일반적으로 PLS-구조방정식모델의 평가는 표 11.1과 11.2에 보인 바와 같이 외부모델과 내부모델로 나누어 진행하며 각각 평가방식과 기준이 다르다[8].

---

8 윤철호, 김상훈 (2014). Information Systems Review, 16(3):89-112.

표 11.1 외부모델의 평가방법 및 기준.

신뢰도	내적 일관성 신뢰도	크론바흐 알파계수 ≥ 0.7	반영적 측정모델
		개념신뢰도(CR) ≥ 0.7	
	지표 신뢰도	측정변수들의 인자적재치 ≥ 0.7	
집중타당도	측정지표 유의도	t-value ⟩ 1.96(부트스트랩을 통해 계산)	
	평균분산추출(AVE)	AVE ≥ 0.50	
판별타탕도	Gefen-Straub 기준	AVE의 제곱근 값이 그 잠재변수와 다른 잠재변수들 간의 상관계수 값들보다 높을 것	
타당도	지표타당도	가중치의 유의도 t-값 ⟩ 1.96	형성적 측정모델
		분산팽창계수(VIF) ⟨ 5.0	
	개념타당도	AVE의 제곱근 값이 그 잠재변수와 다른 잠재변수들 간의 상관계수 값들보다 높을 것	

표 11.2 내부모델의 평가방법 및 기준

경로분석	경로계수	P-value ⟨ 0.05(부트스트랩을 이용하고, 신뢰구간을 제공하는 것이 바람직함)
모형의 설명력	결정계수(R^2)	절대적인 기준은 없으나 일반적으로 0.19는 약함, 0.33은 중간, 0.67 이상은 설명력이 큰 것을 판단
모형 적합도	GOF (Goodness of Fit)	기준값으로 0.36 이상을 권고하고 있으나 절대적인 수용기준은 없음.

표 11.1에서 외부모델의 지표타당도의 평가에서 사용되는 분산팽창계수(Variance Inflation Factor, VIF)는 변수의 다중공선성(multicollinearity) 진단하기 위해 가장 많이 사용되는 방법이다. 예를 들면 측정모델에서 하나의 잠재변수(y)와 세 개의 측정변수 (x_1, x_2, x_3)로 구성된 블록을 생각해 보자. 이 때 다중공선성은 세 개의 측정변수 사이에 상관관계의 정도를 의미한다. x_1에 대한 VIF의 값을 구하기 위해서는 x_1을 종속변수로, x_2와 x_3를 독립변수로 두고 선형 회귀분석을 실시한다. 이 때 얻어진 결정계수를 R^2이 라고 하면 x_1에 대한 VIF는 다음과 같이 계산된다.

$$VIF = \frac{1}{1 - R^2} \tag{11.3}$$

위의 식에서 결정계수 R^2는 0과 1 사이의 값을 가지므로 VIF의 값은 1에서 무한대의 범위를 가진다. 결정계수 R^2이 0에 가까운 값을 가진다면 x_1이 다른 측정변수 x_2, x_3와 거의 상관이 없다는 것을 의미하며, 결정계수 R^2이 1에 가까운 값을 가진다면 x_1이 다른 측정변수 x_2, x_3와 상관성, 즉 다중공선성이 크다는 것을 의미한다. 따라서 VIF의 값이 1에 가까울수록 다중공선성의 정도가 작으며, VIF의 값이 커질수록 다중공선성의 정도가 커짐을 나타낸다. 유사한 방법으로 x_2와 x_3의 VIF 값을 계산할 수 있다.

PLS-구조방정식모델에서 잠재변수들 사이의 관계, 즉 내부모델의 평가기준은 표 11.2에서 보는 바와 아직까지 절대적인 수용기준으로 채택된 것이 없음을 알 수 있다. PLS-구조방정식모델은 CB-SEM과 달리 상대적으로 표본의 크기나 오차분포에 대한 요구사항이 덜 엄격하여 탐색적인 연구나 복잡한 모형을 분석하는 데 유리하게 사용될 수 있어 경영, 회계, 사회, 정치 등의 다양한 학문영역에서 주목받고 있다.

11.2   R을 이용한 PLS-구조방정식모델 분석

PLS 구조방정식모델을 분석하는 데 사용될 수 있는 R 패키지로서 "semPLS", "plspm", "matrixpls" 등이 있다. 여기서는 "plspm" 패키지와 이 패키지에 들어있는 'spainfoot' 데이터프레임을 이용하여 PLS-구조방정식모델을 분석하는 방법을 살펴보도록 한다. 아래의 코드를 이용하여 "plspm" 패키지를 설치한 후 spainfoot 데이터프레임의 내용을 살펴보도록 하자.

```
install.packages("plspm")
library(plspm)
data(spainfoot)
spainfoot
```

	GSH	GSA	SSH	SSA	GCH	GCA	CSH	CSA	WMH	WMA	LWR	LRWL	YC	RC
Barcelona	61	44	0.95	0.95	14	21	0.47	0.32	14	13	10	22	76	6
RealMadrid	49	34	1.00	0.84	29	23	0.37	0.37	14	11	10	18	115	9
Sevilla	28	26	0.74	0.74	20	19	0.42	0.53	11	10	4	7	100	8
AtleMadrid	47	33	0.95	0.84	23	34	0.37	0.16	13	7	6	9	116	5
Villarreal	33	28	0.84	0.68	25	29	0.26	0.16	12	6	5	11	102	5
Valencia	47	21	1.00	0.68	26	28	0.26	0.26	12	6	5	8	120	6
Depor	30	18	0.84	0.63	18	29	0.42	0.32	10	6	3	6	87	4
Malaga	28	27	0.79	0.68	23	36	0.26	0.16	8	7	4	6	96	6
Mallorca	33	20	0.84	0.63	24	36	0.27	0.16	9	5	3	7	119	6
Espanyol	28	18	0.79	0.58	22	27	0.42	0.21	8	4	4	6	110	5
Almeria	27	18	0.79	0.58	20	41	0.21	0.05	11	2	3	4	97	11
RacingStder	28	21	0.79	0.74	22	26	0.21	0.32	5	7	2	7	134	9
AthleticBil	28	19	0.84	0.68	29	33	0.26	0.11	9	3	2	7	115	13
Sporting	24	23	0.74	0.74	37	42	0.11	0.16	8	6	4	4	117	5
Osasuna	27	14	0.74	0.53	22	25	0.37	0.26	8	4	3	6	104	8
Valladolid	22	24	0.68	0.63	17	41	0.42	0.05	8	2	3	5	87	9
Getafe	27	33	0.74	0.89	23	33	0.21	0.11	7	3	1	5	125	7
Betis	24	27	0.68	0.68	25	33	0.26	0.11	4	6	3	7	105	9
Numancia	23	15	0.68	0.42	22	47	0.32	0.05	9	1	1	3	103	9
Recreativo	17	17	0.63	0.68	29	28	0.16	0.11	4	4	2	5	101	6

위에서 보는 바와 같이 spainfoot 데이터프레임에는 스페인의 20개 축구팀에 대해 14개의 항목에 대한 측정자료로 구성되어 있으며 각 항목의 의미는 표 11.3에 나와 있다.

표 11.3 spainfoot 데이터프레임에 포함된 14개 항목의 의미.

항목	의미
GSH	홈경기에서 획득한 총 득점의 수
GSA	원정경기에서 획득한 총 득점의 수
SSH	홈경기 중에서 득점을 가진 경기의 백분율
SSA	원정경기 중에서 득점을 가진 경기의 백분율
GCH	홈경기에서 총 실점의 수
GCA	원정경기에서 총 실점의 수
CSH	홈경기 중에서 무실점 경기의 백분율
CSA	원정경기 중에서 무실점 경기의 백분율
WMH	홈경기 중에서 우승한 경기의 수
WMA	원정경기 중에서 우승한 경기의 수
LWR	최다연승에서 경기의 수
LRWL	최다무패에서 경기의 수
YC	총 옐로우카드의 수
RC	총 레드카드의 수

팀의 승리가 공격과 방어에 의존한다고 가정할 때 그림 11.2와 같은 내부모델을 생각해 볼 수 있다.

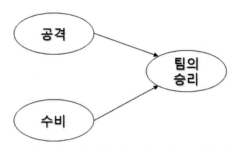

그림 11.2 세 잠재변수(공격, 수비, 팀의 승리)로 구성된 내부모델.

그림 11.2에서 나타난 세 개의 잠재변수와 표 11.3의 각 항목(측정변수)들과의 관계는
그림 11.3과 같다고 하자.

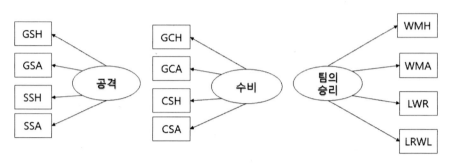

그림 11.3 세 잠재변수(공격, 수비, 팀의 승리)에 대한 측정모델(외부모델).

이제 그림 11.2의 내부모델과 그림 11.3의 외부모델을 합쳐 하나의 모델로 나타내면
그림 11.4와 같다.

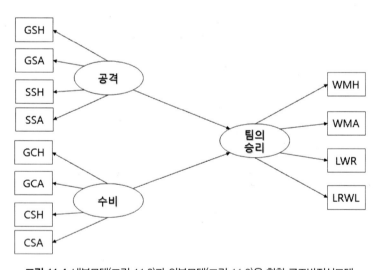

그림 11.4 내부모델(그림 11.2)과 외부모델(그림 11.3)을 합한 구조방정식모델.

그림 11.4와 같은 구조방정식모델을 통해 관심이 있는 것은 측정변수들의 신뢰도와
타당성, 잠재변수 사이의 영향력 및 구조관계의 유의성 등을 조사함으로써 예측모델로
서의 활용가능성을 평가하는 것이다. 공분산을 이용하여 동일한 구조방정식모델을 분석
할 수도 있지만 표본의 크기가 20으로 작고, 자료의 정규성도 확신할 수 없다. 따라서 이

런 경우에는 PLS를 사용하여 구조방정식모델을 분석하는 것이 유리하다. 여기서는 4.4
절에서 소개된 "plspm" 패키지에 있는 plspm() 함수를 이용하여 구조방정식모델을 분석
해 보자. 먼저 잠재변수(여기서는 공격, 수비, 팀의 승리) 사이의 관계를 규정하는 구조
모델 행렬과 잠재변수와 그 잠재변수와 관련된 측정변수로 구성된 블록을 리스트로 지
정해 보자.

```
Attack = c(0, 0, 0)  # Attack(공격)
Defense = c(0, 0, 0) # Defense(수비)
Success = c(1, 1, 0) # Success(팀의 승리)
inner_Model = rbind(Attack, Defense, Success)
colnames(inner_Model) = rownames(inner_Model)
inner_Model  # 세 잠재변수 Attack, Defense, Success 사이의 관계설정(내부모델)
        Attack Defense Success
Attack      0       0       0
Defense     0       0       0
Success     1       1       0
```

위에서 보는 바와 같이 구조모델행렬의 원소가 1일 때는 "열 → 행"의 관계가 있음을
의미하며(즉, Attack → Success, Defense → Success), 원소 0일 때는 아무런 관계가 없
음을 나타낸다. 다음으로 블록을 설정해 보자.

```
blocks = list(c("GSH","GSA","SSH","SSA"),c("GCH","GCA","CSH","CSA"),
              c("WMH","WMA","LWR","LRWL"))
blocks_modes = c("A", "A", "A") # 반영적 측정모델
```

위에서 보는 바와 같이 블록은 리스트로 나타내며, 잠재변수가 세 개(Attack, Defense,
Success)이므로 블록 리스트의 원소도 모두 세 개가 된다. 즉, blocks의 첫 번째 원소는
Attack, 둘째 원소는 Defense, 셋째 원소는 Success와 관련된 측정변수의 이름이 저장된다
(그림 11.3). 블록모드에서 "A"는 반영적 측정모델을, "B"는 형성적 측정모델을 나타낸다.
여기서는 세 블록 모두 반영적 측정모델이므로 blocks_modes=c("A", "A", "A") 와 같이 설
정되었다. 이제 plspm() 함수를 이용하여 그림 11.4의 구조방정식모델을 분석해 보자.

```
pls.res = plspm(spainfoot,inner_Model, blocks, modes = blocks_modes,
                boot.val=TRUE, br=500)
```

위에서 plspm() 함수의 인수 중 'boot.val'을 TRUE로 설정한 것은 집중타당도와 경로계수에 대한 유의성 평가를 위해 부트스트랩을 사용하기 위해서이며 'br=500'은 부트스트랩을 통해 얻어지는 표본의 개수를 500으로 설정한다는 의미이다. 분석결과는 pls.res 객체에 저장되어 있으며 외부모델과 내부모델에 대한 결과를 나누어 살펴보도록 하자.

(1) 외부모델의 분석결과

외부모델은 세 개의 잠재변수 Attack(공격력), Defense(수비력), Success(팀의 승리) 모두 반영적 측정모델로 구성되어 있으므로 이에 대한 신뢰도, 집중타당도 그리고 판별타당도 순으로 분석결과 살펴보도록 하자. 먼저 세 잠재변수의 내적 일관성 신뢰도의 평가 기준으로 크론바흐 알파와 개념신뢰도의 다른 이름인 Dillon-Goldstein's rho에 대한 결과를 살펴보면 다음과 같다.

```
pls.res$unidim
         Mode MVs  C.alpha     DG.rho   eig.1st   eig.2nd
Attack     A    4 0.8905919 0.92456079 3.017160 0.7923055
Defense    A    4 0.0000000 0.02601677 2.393442 1.1752781
Success    A    4 0.9165491 0.94232868 3.217294 0.5370492
```

잠재변수 Attack와 Success의 경우는 크론바흐 알파와 Dillon-Goldstein's rho의 값이 모두 기준치인 0.7을 넘어 측정변수들의 내적 일관성 신뢰도가 확보됨을 보여주고 있지만, 잠재변수 Defense의 경우는 크론바흐 알파와 Dillon-Goldstein's rho의 값이 모두 현저히 낮음을 알 수 있다. 잠재변수 Defense에 대한 네 측정변수 즉, GCH(홈경기에서 총 실점의 수), GCA(원정경기에서 총 실점의 수), CSH(홈경기 중에서 무실점 경기의 백분율), CSA(원정경기 중에서 무실점 경기의 백분율)을 살펴보면 GCH와 GCA는 증가할수록 수비가 약함을, CSH와 CSA가 증가할 경우에는 수비가 강함을 나타낸다고 할 수 있다. 따라서 이 네 측정변수들 사이의 내적일관성이 떨어질 것이라고 판단할 수 있다. 좀

더 상세히 각 측정변수에 대한 지표 신뢰도를 살펴보기 위해 인자적재치를 살펴보면 다
음과 같다.

```
pls.res$boot$loadings
               Original  Mean.Boot   Std.Error     perc.025  perc.975
Attack-GSH     0.9379455  0.9213931  0.18341169   0.8523025  0.9783512
Attack-GSA     0.8620997  0.8140103  0.15973082   0.2615395  0.9510743
Attack-SSH     0.8408295  0.8375765  0.18508131   0.7375073  0.9493014
Attack-SSA     0.8263084  0.7862037  0.15029332   0.3188288  0.9431805
Defense-GCH    0.4836561  0.3342264  0.41285350  -0.7955761  0.8293582
Defense-GCA    0.8759007  0.4528268  0.74582522  -0.9571166  0.9624765
Defense-CSH   -0.7463736 -0.4253324  0.58420874  -0.9356708  0.8611405
Defense-CSA   -0.8926150 -0.4706581  0.76264561  -0.9634956  0.9643691
Success-WMH    0.7755070  0.7649964  0.12225228   0.3952849  0.9056284
Success-WMA    0.8863662  0.8756486  0.07051129   0.7249978  0.9542541
Success-LWR    0.9686187  0.9540749  0.05251607   0.8092600  0.9864847
Success-LRWL   0.9437099  0.9300704  0.05785853   0.7998239  0.9786785
```

위에서 보는 바와 같이 Attack, Success에 대한 측정변수들의 인자적재치들은 모두 기
준값인 0.7보다 큰 값을 가짐을 알 수 있으며, Defense의 경우는 기준값에 미치는 못하
는 측정변수 및 음의 인자적재치를 가지는 측정변수를 포함하고 있다. 따라서 Attack와
Success에 대한 측정모델만 신뢰도가 확보된다고 할 수 있다.

다음으로 집중타당도를 살펴보기 위해 인자적재치들의 유의성과 잠재변수들의 AVE
값을 살펴보자. 인자적재치들의 유의성은 부트스트랩을 통해 추정된 인자적재치를 오차
로 나누어 t-value를 통해 검증한다.

```
t_value =with(pls.res$boot$loadings,Original/Std.Error)
cbind(pls.res$boot$loadings, t_value)
               Original  Mean.Boot   Std.Error    perc.025   perc.975   t_value
Attack-GSH     0.9379455  0.9332358  0.12471653  0.8674391  0.9794312  7.520619
Attack-GSA     0.8620997  0.8183291  0.14914940  0.3751400  0.9514106  5.780108
Attack-SSH     0.8408295  0.8510137  0.12667209  0.7443153  0.9394599  6.637843
Attack-SSA     0.8263084  0.7837852  0.16052693  0.2036972  0.9342328  5.147475
```

```
Defense-GCH    0.4836561  0.3389626 0.41527277 -0.8531503 0.8476157   1.164671
Defense-GCA    0.8759007  0.4111684 0.77439636 -0.9593396 0.9605725   1.131075
Defense-CSH   -0.7463736 -0.4125454 0.58756120 -0.9209728 0.9011472  -1.270291
Defense-CSA   -0.8926150 -0.4287678 0.78717388 -0.9654434 0.9678922  -1.133949
Success-WMH    0.7755070  0.7737989 0.10803295  0.4878730 0.9121235   7.178430
Success-WMA    0.8863662  0.8827740 0.05389872  0.7476954 0.9531896  16.445034
Success-LWR    0.9686187  0.9582513 0.04342536  0.8245690 0.9877515  22.305370
Success-LRWL   0.9437099  0.9370775 0.03839337  0.8207618 0.9791868  24.580024
```

위에서 보는 바와 같이 Defense에 대한 네 측정변수를 제외하고는 모두 t-value의 기준값인 1.96을 초과하고 있음을 보여준다. 집중타당도의 평가로 잠재변수들에 대한 AVE의 값은 다음과 같다.

```
pls.res$inner_summary
                Type        R2 Block_Communality Mean_Redundancy       AVE
Attack    Exogenous 0.0000000         0.7531844       0.0000000 0.7531844
Defense   Exogenous 0.0000000         0.5887401       0.0000000 0.5887401
Success  Endogenous 0.8555637         0.8039667       0.6878447 0.8039667
```

위에서 보는 바와 같이 세 잠재변수의 AVE의 값은 기준값인 0.5보다 큼을 알 수 있다. 인자적재치의 유의성과 함께 AVE를 고려할 때 Attack와 Success에 대한 측정변수들의 경우 집중타당도가 확보된다고 할 수 있다.

이제 판별타당도를 살펴보기 위해 교차적재량(cross loadings)과 Gefen-Straub의 기준을 살펴보기로 하자. 교차적재량은 각 잠재변수에 속해있는 측정변수들의 적재량이 다른 잠재변수들에서 이들 측정변수들의 교차적재량에 비해 뚜렷하게 높을 경우 판별타당도가 있다고 볼 수 있다.

```
pls.res$crossloadings
    name  block     Attack    Defense    Success
1    GSH Attack  0.9379455 -0.5159446  0.8977256
2    GSA Attack  0.8620997 -0.3390746  0.7519204
```

```
3    SSH   Attack   0.8408295 -0.4139277   0.7713854
4    SSA   Attack   0.8263084 -0.3361551   0.6390025
5    GCH  Defense -0.1305171   0.4836561 -0.1597543
6    GCA  Defense -0.4621560   0.8759007 -0.5751232
7    CSH  Defense   0.3188076 -0.7463736   0.4809671
8    CSA  Defense   0.4214853 -0.8926150   0.5928287
9    WMH  Success   0.7085826 -0.4226144   0.7755070
10   WMA  Success   0.7730524 -0.7114747   0.8863662
11   LWR  Success   0.8444012 -0.5380149   0.9686187
12  LRWL  Success   0.8600572 -0.5891724   0.9437099
```

위에서 보는 바와 같이 Defense에 속한 측정변수들을 제외하고는 측정대상 잠재변수
에서의 적재량이 다른 잠재변수에서의 교차적재량보다 높지만 그렇게 많이 높지는 않
다. 판별타당도의 다른 기준으로서 Gefen-Straub가 제시한 기준은 한 잠재변수의 AVE
값의 제곱근이 그 잠재변수와 다른 잠재변수들 사이의 상관계수들보다 높아야하며 다음
과 같이 계산될 수 있다.

```
la.scores=pls.res$scores
la.cor=cor(la.scores,use="complete.obs",method="pearson")
sqr.AVE=with(pls.res$inner_summary,sqrt(AVE))
cbind(la.cor,sqr.AVE)
            Attack    Defense    Success   sqr.AVE
Attack   1.0000000 -0.4695534  0.8904295 0.8678620
Defense -0.4695534  1.0000000 -0.6391813 0.7672940
Success  0.8904295 -0.6391813  1.0000000 0.8966419
```

위에서 보는 결과에서 보는 바와 같이 Sucess의 경우만이 다른 잠재변수와 상관계수
보다 AVE의 제곱근 값이 조금 높을 뿐이다. 따라서 측정변수들의 판별타당도는 전체적
으로 양호하지 않음을 알 수 있다.

(2) 내부모델의 평가

내부모델의 평가는 표 11.2에 나타난 것 같이 경로계수, 결정계수(R^2), 모형적합도 순으로 살펴보도록 하자. 경로계수의 경우 유의성 수준(P-value < 0.05)으로 평가하기 위해 다음과 같이 t-value를 계산해 보자.

```
path.tvalue=with(pls.res$boot$paths,Original/Std.Error)
round(cbind(pls.res$boot$paths,path.tvalue),3)

                   Original Mean.Boot Std.Error perc.025 perc.975 path.tvalue
Attack -> Success    0.7573    0.7347    0.1178   0.5506   0.8745      6.4277
Defense -> Success  -0.2836   -0.1334    0.2859  -0.4594   0.4375     -0.9919
```

위에서 보는 바와 같이 잠재변수 Attack와 Success 사이의 경로계수만 t.value가 기준인 1.96보다 크며 95% 신뢰구간이 (0.5506,0.8745)임을 알 수 있다. 다음으로 내생잠재변수 Success에 대한 외생잠재변수 Attack과 Defense의 설명력으로 간주될 수 있는 R^2을 살펴보자.

```
round(pls.res$boot$rsq,4)

         Original Mean.Boot Std.Error perc.025 perc.975
Success    0.8556    0.8723    0.0667   0.6951   0.9607
```

위에서 보는 바와 같이 R^2의 값은 0.8556으로서 Attack와 Defense는 Success에 대해 설명력이 큼을 알 수 있다. 마지막으로 GOF(Goodness-Of-Fit)의 값을 살펴보면 다음과 같다.

```
pls.res$gof
[1] 0.7822929
```

모델적합도 판정을 위한 GOF 값은 아직까지 명확한 기준값이 제시되지 못하기 때문에 모델평가에 직접 활용하기보다는 참고로만 사용하는 것이 적절하다. plot() 함수를 이용하여 내부모델과 외부모델에 대해 추정된 모수를 그래프로 나타내면 그림 11.5와 11.6과 같다.

```
x11()
plot(pls.res,colpos="black",colneg="black")
x11()
plot(pls.res,what="loadings",colpos="black",colneg="black")
```

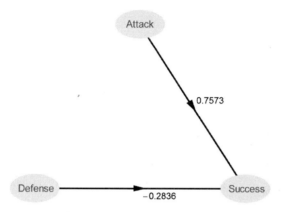

그림 11.5 내부모델에서 추정된 경로계수.

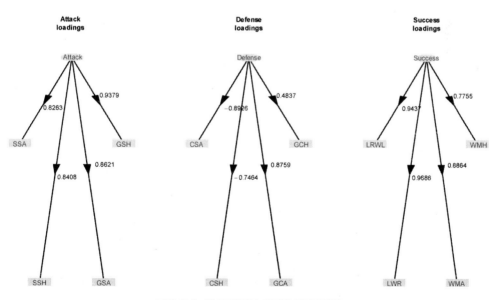

그림 11.6 외부모델에서 추정된 인자적재치.

11.1 기술수용모델(Technology Acceptance Model, TAM)은 조직원들의 신기술이나 서비스 선택과정을 설명하는 데 활용되어 왔다. TAM에서는 다음과 같은 다섯 개의 잠재변수를 도입한다.

① 지각된 용이성(Perceived Ease of Use, PEU): 특정기술이나 혁신은 사용하기 가 쉽다는 신념을 나타내는 잠재변수

② 지각된 유용성(Perceived Usefulness, PU): 특정기술이나 혁신을 사용함으로 써 개인의 업무수행을 향상시켜 줄 것이라는 신념을 나타내는 잠재변수

③ 태도(Attitude Towards Using, ATU): 특정기술에 대한 호의적이거나 비호의적 인 심리적 상태를 나타내는 잠재변수

④ 사용의도(Behavioral Intention to Use, BIU): 특정기술을 채택하여 사용하고자 하는 의도를 나타내는 잠재변수

⑤ 실제사용(Actual System Use, ASU): 특정기술을 실제로 사용하는 상태를 나타 내는 잠재변수

TAM에서 위의 다섯 개 잠재변수 사이의 관계는 그림 E11.1과 같이 설정된다.

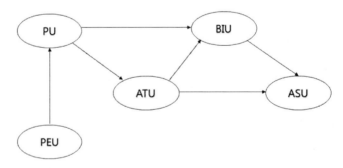

그림 E11.1 TAM에서 설정된 내부모델(잠재변수 사이의 관계구조).

TAM의 다섯 개 잠재변수에 대한 측정변수들의 샘플자료는 SmartPLS 홈페이지에 서 다음과 같이 내려 받을 수 있다.

1. https://www.smartpls.com/documentation/sample-projects/tam에 접속

2. 'tam-technology-acceptance-model.zip' 파일 내려받기

위에서 2의 압축파일을 풀면 TAM 폴더 안에 TAM-1190.csv 파일이 있다. 이 파일에서는 총 22개의 측정변수에 대해 각각 1190개의 관측치가 기록되어 있다. 22개의 측정변수들은 그림 E11.1에 있는 다섯 개의 잠재변수를 측정하는 데 사용되며, 각 잠재변수에 속한 측정변수들은 다음과 같다.

잠재변수	측정변수
PEU	EOU1, EOU2, EOU3, EOU4, EOU5
PU	USEF1, USEF2, USEF3, USEF4, USEF5
ATU	ATT1, ATT2, ATT3, ATT4, ATT5
BIU	BI1, BI2, BI3
ASU	USE1,USE2,USE3,USE4

측정변수와 잠재변수는 사이는 모두 반영적 모델이라고 가정할 때 TAM-1190.csv을 이용하여 그림 E11.1의 내부모델에 대한 경로계수를 추정하여라.

풀이

TAM-1190.csv 파일을 R로 불러들이기 위해 이 파일을 R이 실행되고 있는 디렉토리로 옮긴 다음, 다음 R 코드를 실행해 보자.

```
TAM=read.csv(file="./TAM-1190.csv",head=TRUE)
dim(TAM)
[1] 1190    23
head(TAM)
  OBS USEF1 USEF2 USEF3 USEF4 USEF5 EOU1 EOU2 EOU3 EOU4 EOU5 BI1
1   1     7     6     6     5     6    6    6    6    6    6   6
2   2     7     7     7     6     7    7    5    6    6    7   7
3   3     7     7     7     7     7    6    6    6    7    7   6
4   4     7     7     7     6     7    7    5    6    7    7
```

| 5 | 5 | 7 | 7 | 7 | 7 | 7 | 7 | 7 | 7 | 7 | 7 | 7 |
| 6 | 6 | 7 | 7 | 7 | 7 | 7 | 7 | 7 | 7 | 7 | 7 | 7 |

	BI2	BI3	ATT1	ATT2	ATT3	ATT4	ATT5	USE1	USE2	USE3	USE4
1	6	6	6	6	6	6	6	5	6	5	6
2	7	7	7	7	7	7	7	6	6	5	7
3	7	7	7	7	7	7	7	6	6	4	5
4	7	7	6	6	6	5	6	6	6	5	4
5	7	7	4	4	4	4	4	6	6	5	1
6	6	7	7	7	7	7	7	6	6	5	4

위에서 보는 바와 같이 TAM-1190.csv 파일에서 첫 번째열은 관찰대상의 번호를 나타내고 있으며 두 번째 열부터 스물세 번째 열까지는 각각의 측정변수를 나타낸다. 이제 'plspm' 패키지를 이용하여 그림 E11.1의 경로모델을 분석해 보자. 먼저 잠재변수 사이의 관계를 설정해 주는 구조모델행렬을 정의해 보자.

```
PEU = c(0, 0, 0, 0, 0)
PU = c(1, 0, 0, 0, 0)
ATU = c(1, 1, 0, 0, 0)
BIU =c(0, 1, 1, 0, 0)
ASU = c(0, 0, 1, 1, 0)
inner_Model = rbind(PEU,PU,ATU,BIU,ASU)
colnames(inner_Model) = rownames(inner_Model)
inner_Model  # 구조모델행렬
```

	PEU	PU	ATU	BIU	ASU
PEU	0	0	0	0	0
PU	1	0	0	0	0
ATU	1	1	0	0	0
BIU	0	1	1	0	0
ASU	0	0	1	1	0

잠재변수 사이의 관계를 나타내는 구조모델행렬(내부모델행렬)이 만들어졌으므로, 각 잠재변수에 대한 측정변수들로 구성된 블록을 나타내는 리스트 변수를 작성해 보자.

```
blocks = list(c("EOU1","EOU2","EOU3","EOU4","EOU5"), # 잠재변수 PEU 블록
             c("USEF1","USEF2","USEF3","USEF4","USEF5"), # 잠재변수 PU 블록
             c("ATT1","ATT2","ATT3","ATT4","ATT5"), # 잠재변수 ATU 블록
             c("BI1","BI2","BI3"),  # 잠재변수 BIU 블록
             c("USE1","USE2","USE3","USE4"))  # 잠재변수 ASU 블록
blocks_modes = c("A", "A", "A","A","A")  # 반영적 측정모델
```

내부모델에 대한 행렬, 외부모델에 대한 블록의 설정을 모두 마쳤으므로 plspm() 함수를 이용하여 그림 E11.1의 모델에 대해 경로계수를 계산할 수 있다.

```
library(plspm)
pls.res = plspm(TAM,inner_Model, blocks, modes = blocks_modes,
               boot.val=TRUE,br=1000)
path.tvalue=with(pls.res$boot$paths,Original/Std.Error)
round(cbind(pls.res$boot$paths,path.tvalue),4)
            Original Mean.Boot Std.Error perc.025 perc.975 path.tvalue
PEU -> PU    0.4453    0.4461    0.0365   0.3770   0.5163    12.2039
PEU -> ATU   0.2528    0.2539    0.0334   0.1915   0.3215     7.5772
PU -> ATU    0.2673    0.2679    0.0353   0.1973   0.3383     7.5727
PU -> BIU    0.4009    0.4007    0.0388   0.3237   0.4772    10.3397
ATU -> BIU   0.1727    0.1717    0.0323   0.1100   0.2324     5.3537
ATU -> ASU   0.2700    0.2724    0.0327   0.2118   0.3370     8.2663
BIU -> ASU   0.1353    0.1368    0.0346   0.0675   0.2048     3.9121
```

위의 결과에서 모든 경로계수에 대한 t-value의 기준인 1.96보다 크므로 추정값은 통계적으로 유의하다고 할 수 있다. plot() 함수를 이용하여 추정된 경로계수를 모델과 함께 나타내면 그림 S11.1와 같다.

```
x11()
plot(pls.res,colpos="black",colneg="black")
```

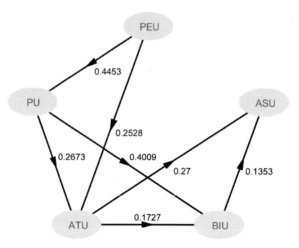

그림 S11.1 PLS를 통해 추정된 내부모델(그림 E11.1)의 경로계수들.

APPENDIX

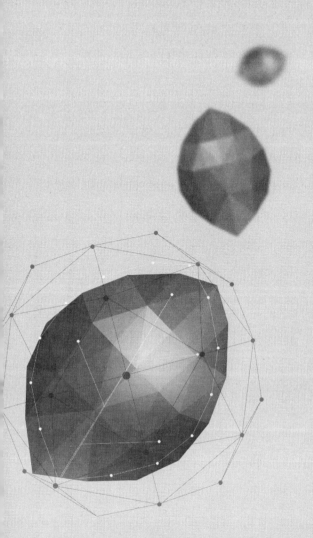

A.1   R과 R studio의 설치

R은 통계계산과 그래픽을 위한 공개 소프트웨어(open source software)로서 공식 홈페이지(https://www.r-project.org)로부터 무료로 다운받아 사용할 수 있다. R은 무료이면서도 상용 소프트웨어에 견줄만한 다양한 통계기법과 수치해석 기법을 지원하기 때문에 통계를 활용하는 다양한 분야에서 많이 이용되고 있다. 특히, 유용한 분석이나 기능을 가진 패키지들을 추가하면 R의 기능은 더욱 확장된다. 패키지는 CRAN(Comprehensive R Archive Network)을 통해 공유되고 있으며 2019년 06월 1일 기준으로 14,217개의 패키지가 등록되어 있다. 이 책에서 구조방정식모델의 분석을 위해 주로 활용된 "lavaan"도 이들 패키지 중의 하나이다. Rstudio는 R에 대한 통합개발환경(Integrated Development Environment, IDE)으로서 그래픽 사용자 인터페이스(Graphical User Interface, GUI)를 제공한다. 즉, Rstudio를 이용하면 R 프로그램 코딩, 디버그, 실행 등의 모든 과정을 GUI 환경에서 편리하게 실행할 수 있다. Rstudio의 홈페이지(https://www.rstudio.com)에 접속하면 유료 및 무료 버전의 Rstudio를 다운로드할 수 있으며 유료 버전의 경우 보안, 병렬 다중분석, 공동작업 등의 지원이 추가된다. 하지만 R의 본래 기능을 활용하는 측면에서는 유료 버전과 무료 버전 사이에 차이가 없다. Rstudio를 이용하여 R을 실행하기 위해서는 R이 먼저 설치되어 있어야 함을 기억하자. 이 책에서 R 코드의 편집과 실행은 Rstudio에서 이루어졌으며 사용된 R과 Rstudio의 버전은 다음과 같다.

```
R version: 3.5.2 (2018-12-20)
Rstudio version: 1.1.463
```

Rstudio를 설치한 후 실행하면 그림 1과 같이 스크립트창과 컨솔창을 나타난다. 스크리트창에서 R 코드를 작성한 후 실행하기 원하는 영역을 마우스로 선택한 후 실행버턴(Run)을 누르면 코드가 실행된다. R을 사용하는 가장 큰 매력은 무료이면서도 다양한 전문 분야에 활용될 수 있다는 점이다. 예를 들면, 복잡한 구조방정식모델을 전문적으로 분석하고자 하는 경우 AMOS, LISREL 및 Mplus 같은 전문적인 상용 소프트웨어의 사용이 기본적으로 요구된다. 하지만 R에 'lavaan' 패키지만 추가하면 이들 상용 소프트웨어에 버금가는 분석 작업을 수행할 수 있다. R에 lavaan 패키지를 설치하고 작업환경으로 불러들이기 위해서 다음과 같이 명령을 수행한다.

```
>install.packages("lavaan")
>library(lavaan)
```

lavaan의 홈페이지(http://lavaan.ugent.be/index.html)에는 간단한 예제 및 사용법이 나와 있다.

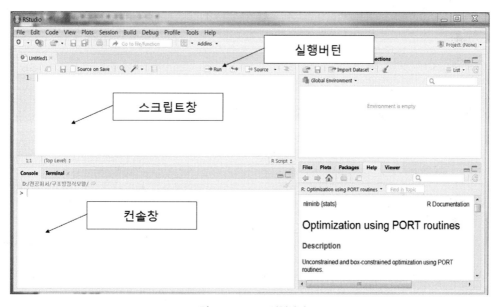

그림 A.1 Rstudio 실행화면.

A.2   구조방정식모델 분석을 위한 lavaan 패키지 활용

lavaan 패키지를 이용하여 구조방정식모델을 분석할 때 명령문은 일반적으로 다음과 같이 세 가지 부분으로 구성된다.

1. specification statement: 모델을 정의하는 부분
2. estimation statement: 모델과 관련된 파라미터(모수)를 계산하는 부분
3. statements for extracting results: 분석(계산)결과를 추출하는 부분

위에서 첫 번째 부분의 모델정의를 위해 lavaan에서는 표 1과 같은 특별한 연산자들의 정의해서 사용하고 있다.

표 1. lavaan에서 모델정의에 사용되는 기본적인 연산자들.

공식유형(formula type)	연산자(operator)	의미
회귀분석(regression)	~	회귀관계의 변수
공분산분석(covariance)	~~	변수 사이의 관련성
절편(intercept)	~1	변수의 절편계산
반영적 잠재변수 정의	=~	지표변수를 통해 측정되는 요인
형성적 잠재변수 정의	〈~	지표변수에 의한 결정되는 요인

표 1에 나타난 연산자를 이용하여 그림 1의 모델을 정의해 보면 다음과 같다.

```
model.1a <- 'X3 ~ X2; X4 ~ X2; X4 ~ X3
             Y ~ X1 + X3 + X4'
```

위에서 보는 바와 같이 lavaan에서는 모델을 정의될 모델을 ' ' 안에 나타낸다. R에서 독립변수와 종속변수 사이의 회귀관계를 나타낼 때 기호 '~'를 사용하는 것과 같이(예, 종속변수 ~ 독립변수) 그림 1에 변수사이의 인과관계 혹은 회귀관계를 나타내었다. 변수 사이의 연산관계가 지정된 각 부분은 세미콜론(;)으로 구분되어 있음을 알 수 있다. 세미 콜론을 사용하지 않고 다음과 같이 각 행을 바꾸어 추가되는 변수 사이의 관계를 지정해

주어도 된다.

```
model.1b <- 'X3 ~ X2
             X4 ~ X2
             X4 ~ X3
         Y ~ X1 + X3 + X4'
```

model.1a와 model.1b는 lavaan에서 동일하게 처리된다. lavaan에서 모델의 정의는 ' ' 안에 변수관계를 문자열처럼 설정한다는 것이 중요핵심이다.

모델이 정의되었다면 두 번째로 모델의 파라미터(모수)를 계산하는 부분이 필요하다. 모델의 형태에 따라 모수를 계산하는 함수가 달라질 수 있으나 가장 기본적으로 사용되는 함수는 sem() 함수이며 다음과 같이 인수의 설정이 요구된다.

```
model.1.est <- sem(model=model.1,data=data.mod1)
```

위에서 모수추정을 위해 사용되는 data.mod1는 변수가 포함된 데이터프레임이다. sem() 함수에 의해 계산된 모수를 포함하는 분석결과는 R의 객체로 저장한 후 필요부분을 추출해서 살펴본다. 분석결과를 요약해서 살펴볼 때 다음과 summary() 함수가 많이 이용된다.

```
summary(model.1.est)
```

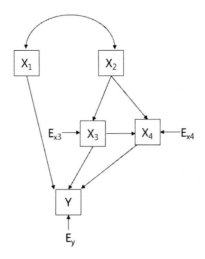

그림 A.2 다섯 개 변수(X_1, X_2, X_3, X_4, Y) 사이의 관계구조.

이제 그림 1에 나타난 변수들 사이의 공분산이 표 2와 같을 때 그림 1의 모델에 대한 모수를 계산해 보자.

표 2. 변수 X_1, X_2, X_3, X_4, Y (그림 1) 사이의 공분산 자료.

	X_1	X_2	X_3	X_4	Y
X_1	1.05				
X_2	7.20	215.01			
X_3	-0.49	-18.90	14.51		
X_4	0.69	17.90	-5.30	11.20	
Y	1.58	28.30	-8.16	11.19	31.20

```
library(lavaan)
#모델의 정의
model.1 <- 'X3 ~ X2; X4 ~ X2;X4 ~ X3
        Y ~ X1 + X3 + X4'
# 공분산자료
cov.mat=lav_matrix_lower2full(c(1.05,
                    7.20,215.01,
                    -0.49,-18.90,14.51,
                    0.69,17.90,-5.30,11.20,
                    1.58,28.30,-8.16,11.19,31.20))
colnames(cov.mat) <- rownames(cov.mat) <- c("X1","X2","X3","X4","Y")
#모수의 계산
model.1.est <- sem(model.1,sample.cov=cov.mat,sample.nobs=500)
#계산된 결과의 요약
summary(model.1.est)
```

```
lavaan 0.6-3 ended normally after 29 iterations

  Optimization method                      NLMINB
  Number of free parameters                     9
  Number of observations                      500
  Estimator                                    ML
  Model Fit Test Statistic                  3.809
  Degrees of freedom                            3
  P-value (Chi-square)                      0.283
```

```
Parameter Estimates:
  Information                              Expected
  Information saturated (h1) model       Structured
  Standard Errors                         Standard
Regressions:
                 Estimate  Std.Err  z-value  P(>|z|)
  X3 ~
    X2            -0.088    0.011    -8.041   0.000
  X4 ~
    X2             0.058    0.010     6.066   0.000
    X3            -0.290    0.037    -7.914   0.000
  Y ~
    X1             0.847    0.192     4.407   0.000
    X3            -0.227    0.056    -4.058   0.000
    X4             0.839    0.064    13.146   0.000
Variances:
                 Estimate  Std.Err  z-value  P(>|z|)
   .X3           12.823    0.811    15.811   0.000
   .X4            8.612    0.545    15.811   0.000
   .Y            18.578    1.175    15.811   0.000
```

위에서 sem() 함수를 이용하여 모수를 계산할 때 변수의 관측치가 저장된 데이터프레임이 아니라 표 2의 공분산이 사용되었다. 공분산 자료를 사용될 때에는 표본의 크기도 함께 주어져야 한다. 따라서 공분산자료를 지정하는 인수 sample.cov와 표본의 크기를 지정하는 인수 sample.nobs가 sem() 함수에서 사용되었다. 표 2의 자료를 그림 1의 모델로 얼마나 잘 설명할 수 있는지는 적합도 지수를 통해 평가해 볼 수 있다. 구조방정식 모델에서 적합도는 일반적으로 자료로부터 주어진 공분산과 모델을 통해 계산된 공분산이 얼마나 일치하는지를 평가함으로써 계산된다. sem() 함수에 의해 계산된 결과를 저장한 객체로부터 적합도 지수에 대한 정보를 추출하고자 할 때는 다음과 같이 fitMeasures() 함수를 사용하면 된다.

```
fitMeasures(model.1.est)
              npar              fmin             chisq                df            pvalue
             9.000             0.004             3.809             3.000             0.283
     baseline.chisq       baseline.df   baseline.pvalue               cfi               tli
           453.234             9.000             0.000             0.998             0.995
              nnfi               rfi               nfi              pnfi               ifi
             0.995             0.975             0.992             0.331             0.998
               rni              logl  unrestricted.logl               aic               bic
             0.998         -6742.573         -6740.669         13503.146         13541.078
            ntotal              bic2             rmsea     rmsea.ci.lower    rmsea.ci.upper
           500.000         13512.511             0.023             0.000             0.082
      rmsea.pvalue               rmr        rmr_nomean              srmr      srmr_bentler
             0.700             0.745             0.745             0.015             0.015
srmr_bentler_nomean              crmr       crmr_nomean         srmr_mplus srmr_mplus_nomean
             0.015             0.018             0.018             0.015             0.015
             cn_05             cn_01               gfi              agfi              pgfi
          1026.874          1490.292             0.997             0.985             0.199
               mfi              ecvi
             0.999             0.044
```

추정된 모수에 대한 정보만을 살펴보기 원할 때는 다음과 같이 parameterEstimates()
함수를 이용하면 된다.

```
parameterEstimates(model.1.est)
   lhs op rhs      est    se       z pvalue ci.lower ci.upper
1   X3  ~  X2   -0.088 0.011  -8.041      0   -0.109   -0.066
2   X4  ~  X2    0.058 0.010   6.066      0    0.039    0.076
3   X4  ~  X3   -0.290 0.037  -7.914      0   -0.362   -0.218
4    Y  ~  X1    0.847 0.192   4.407      0    0.470    1.224
5    Y  ~  X3   -0.227 0.056  -4.058      0   -0.337   -0.117
6    Y  ~  X4    0.839 0.064  13.146      0    0.714    0.965
7   X3 ~~  X3   12.823 0.811  15.811      0   11.233   14.412
8   X4 ~~  X4    8.612 0.545  15.811      0    7.544    9.679
9    Y ~~   Y   18.578 1.175  15.811      0   16.275   20.880
10  X2 ~~  X2  214.580 0.000      NA     NA  214.580  214.580
11  X2 ~~  X1    7.186 0.000      NA     NA    7.186    7.186
12  X1 ~~  X1    1.048 0.000      NA     NA    1.048    1.048
```

분석결과를 semPlot 패키지를 이용하여 추정된 모수와 함께 그래프로 나타내면 그림 2와 같다.

```
library(semPlot)
x11()
semPaths(model.1.est,whatLabels = "est", style="OpenMx",layout="tree3")
```

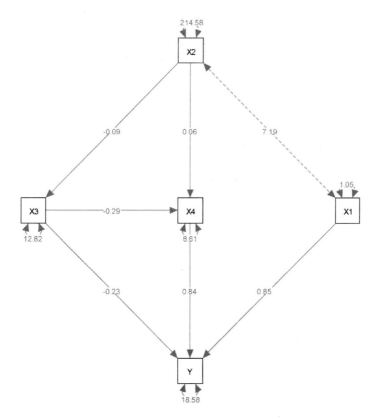

그림 A.3 표 2의 공분산자료를 이용하여 그림 1의 모델을 sem() 함수로 분석한 결과.

A.3 구조방정식모델의 적합도 지수

설정된 구조방정식모델과 실제 자료 사이의 일치도는 적합도 지수를 통해 평가한다. 적합도 지수에는 절대적합도 지수, 상대적합도 지수(증분적합도 지수), 간명적합도 지수 등이 있다. 절대적합도 지수는 설정된 모델로부터 추정된 공분산과 자료로 제공된 공분산이 얼마나 적합한지를 나타내는 것으로 모델의 전반적인 부합도를 평가하는 지수이다. 상대적합도 지수는 증분적합도 지수라도 하며 기저모델(측정변수 사이에 공분산 혹은 상관관계가 없는 독립모델)에 대해 제안된 구조방정식모델의 상대적인 부합도를 평가하는 지수이다. 간명적합도 지수는 제안된 2개 이상의 모델에 대해 모델의 복잡성 및 객관성을 비교하여 어느 모델이 적합한지를 평가할 때 사용된다. 주요 적합도 지수와 판단기준을 나타내면 표 3과 같다.

표 3. 모델의 적합도 지수 및 판단기준(df : 모델의 자유도).

모델 평가지수	적합도 지수	적합모델 부합치
절대적합도 지수 (absolute fit index)	χ^2	P-value≥0.05 (양호)
	$Q(\chi^2/df)$	≤2 (좋음), ≤3 (양호), ≤5 (보통)
	GFI	≥0.9 (양호)
	AGFI	≥0.9 (양호)
	RMR	≤0.05 (양호)
	RMSEA	≤0.05 (좋음), ≤0.08 (양호), ≤0.1 (보통)
증분적합도 지수 (incremental fit index)	NFI	≥0.9 (양호)
	TLI 또는 NNFI	≥0.9 (양호)
	CFI	≥ 0.9 (양호)
간명적합도 지수 (parsimonious fit index)	PNFI	높을수록 양호
	AIC	낮을수록 양호

위의 표에서 나타난 각 적합도 지수는 다음과 같이 정의된다.

- GFI(Goodness Fit Index)

$$GFI = 1 - \frac{F(S, \Sigma(\theta))}{F(S, \Sigma(0))} = 1 - \frac{\chi^2_M}{\chi^2_b} \qquad (F: \text{적합도 함수})$$

- AGFI(Adjusted Goodness of Fit Index)

$$AGFI = 1 - \frac{q(q+1)}{2df_M}(1 - GFI) \qquad (q: \text{관찰변수의 개수}, \ df: \text{자유도})$$

- RMR(Root Mean Square Residual)

$$RMR = \sqrt{2\sum_{i=1}^{q}\sum_{j=1}^{i}\frac{(s_{ij} - \sigma_{ij})^2}{q(q+1)}}$$

위에서 s_{ij}와 σ_{ij}는 각각 표본공분산행렬과 구조방정식모델로부터 추정된 모형공분산 행렬의 i행 j열에 해당하는 원소에 해당하며, q는 관찰변수의 개수

- RMSEA(Root Mean Square Error of Approximation)

$$RMSEA = \sqrt{\frac{F(S, \Sigma(\theta)) - \frac{df_M}{N-1}}{df_M}} = \sqrt{\frac{(N-1)F(S, \Sigma(\theta)) - df_M}{(N-1)df_M}} = \sqrt{\frac{\chi^2_M - df_M}{(N-1)df_M}}$$

- NFI(Normed Fit Index)

$$NFI = \frac{\chi^2_b - \chi^2_M}{\chi^2_b}$$

- TLI(Tucker–Lewis Index) 또는 NNFI(NonNormed Fit Index)

$$NNFI = \frac{\left(\chi^2_b/df_b - \chi^2_M/df_M\right)}{\left(\chi^2_b/df_b - 1\right)}$$

- CFI(Comparative Fit Index)

$$CFI = \frac{\delta_b - \delta_M}{\delta_b} = 1 - \frac{\chi^2_M - df_M}{\chi^2_b - df_b} \qquad (\delta = \chi^2 - df)$$

■ PNFI(Parsimonious Normed Fit Index)

$$PNFI = 1 - \frac{df_M(F_b - F_M)}{(df_b)(F_b)} \quad (F: \text{적합도 함수})$$

■ AIC(Akaike Information Criterion)

$$AIC_M = \chi_M^2 + 2t_M$$

$$AIC_b = \chi_b^2 + 2t_b$$

위에서 t는 추정될 모수의 개수를, 아래첨자 b, M은 각각 기저모델과 제안된 모델(구조방정식모델)을 나타낸다.

구조방정식모델에 대한 분석결과를 연구결과로 발표할 때에는 일반적으로 절대적합도 지수와 증분적합도 지수를 함께 제시하며 모델의 적합도와 간명성 비교를 통한 모델선별 과정이 포함된 경우에는 간명적합도 지수도 함께 나타낸다.

참고문헌

1. 문수백 (2001) 구조방정식모델링의 이해와 적용, (주) 학지사.

2. 이기종 (2012) 구조방정식모형: 인과성 ·통계분석 및 추론. 국민대학교 출판부.

3. 윤철호, 김상훈 (2014) Information Systems Review, 16(3):89-112.

4. Alexander Beaujean, A. (2014) Latent variance modeling using R: a step-by-step guide, Taylor & Francis.

5. Bartholomew, D.J., Steele, F., Galbraith, J. Moustaki, I. (2008) Analysis of multivariate social science data (2nd ed.). Boca Raton, FL: Chapman and Hall/CRC.

6. Fornell, C., Larcker, D.F. (1981) Evaluating Structural Equations Models with Unobservable Variables and Measurement Error. Journal of Marketing Research, 18:39-50.

7. McArdle, J.J., McDonald, R.P. (1984) Some algebraic properties of the reticular action model. British Journal of Mathematical and Statistical Psychology, 37:234-251.

INDEX

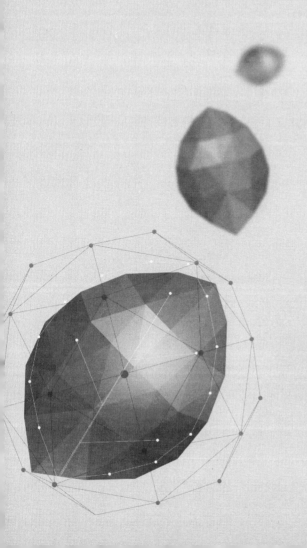